Heribert Schröpfer

trans press Fahrzeugportrait

Heribert Schröpfer

Reihe 310

trans press

Einbandgestaltung: Nicole Lechner
Titelbild: Uwe Miethe
Nach ihrer Instandsetzung im Ausbesserungswerk České Velenice ging die 310.23 im Oktober 1999 auf eine große Sonderfahrt. Am 10. Oktober 1999 stand die Lok im Bahnhof Semmering.

Rücktitel: Maey, Slg. Töpelmann, Archiv transpress
Die ehemalige 310.05 präsentierte sich Ende der 30er-Jahre als 16 001 der Deutschen Reichsbahn. Die Lok-Nummer und das Gattungszeichen sind nur mit Farbe angeschrieben. Der Tender hingegen trug noch das österreichische Nummernschild 86.64.

ISBN: 3-613-71183-4

Postfach 10 37 43, 70032 Stuttgart.
Ein Unternehmen der Paul Pietsch Verlage
GmbH & Co.

1. Auflage 2002

Lektorat: Dirk Endisch
Innengestaltung: Wolfgang Vogel
Scans: digi bild reinhardt, 73037 Göppingen
Druck: Maisch & Queck, 70839 Gerlingen
Bindung: K. Dieringer, 70839 Gerlingen
Printed in Germany

Vorwort

Unter allen Maschinen, die der Mensch erdacht hat, haben nur wenige einen solch nachhaltigen Eindruck hinterlassen, wie die Dampflokomotive. Eineinhalb Jahrhunderte lang war sie das Sinnbild von gebändigter Kraft. Sie ließ Raum und Zeit schrumpfen und bereitete dem Industriezeitalter den Weg. Die Dampflokomotive arbeitete nicht im Verborgenen, sie war dem Menschen stets nahe, konnte man sie doch nicht nur auf Reisen, sondern zu jeder Zeit auch in der Landschaft, am Bahnübergang, beim Abholen eines Besuchers vom Bahnhof und bei vielen anderen Gelegenheiten ungestört in Augenschein nehmen. Aber auch ihre einem lebenden Organismus ähnliche Wirkungsweise hat sie dem Menschen nahe gebracht, ein Wesenszug, der den modernen Triebfahrzeugen leider fehlt. Ihrer Faszination sind auch an der Eisenbahn weniger Interessierte erlegen. Die Spannweite der Gefühle reichte von Ehrfurcht und Bewunderung bis hin zu einem furchterregenden Schaudern. Obwohl seit Jahrzehnten nur noch als museales Relikt eines vergangenen Zeitalters existent, lebt die Dampflokomotive im Unterbewusstsein noch immer in unserem Sprachschatz fort. Sprechen wir nicht auch heute noch davon, »jemandem Dampf machen«, etwas »mit Volldampf« angehen, den »Kessel zum Platzen bringen«, einmal »Dampf ablassen« oder schlechthin von der »Lokomotive« der Wirtschaft, einer Partei oder einer weltanschaulichen Richtung? Wir erledigen etwas im »Schnellzugtempo«, sind »auf der richtigen Schiene«, »stellen die Weichen für die Zukunft« oder sitzen auch manchmal »im falschen Zug«. Alle diese Idiome sind im Zeitalter der Dampflokomotive entstanden und haben sich bis heute als verbale Paradigmen erhalten. Was könnte treffender beweisen, welchen nachhaltigen Eindruck das von der Dampflokomotive geprägte Eisenbahnzeitalter hinterlassen hat und dessen Fluidum sich auf weite Bereiche unseres Lebens übertragen hat.

Die Dampflokomotive hat die ihr von der Kulturgeschichte zugewiesene Aufgabe mit Bravour erfüllt. Ihre Zeit ist aber abgelaufen, neue und effizientere Traktionsmittel haben ihre Arbeit übernommen, Die Züge sind schneller, komfortabler und farbenfroher geworden. Aber wo ist ihre Faszination geblieben? Bei Bahnhofsfesten und Nostalgiefahrten scharen sich Menschen aller Altersstufen, mit und ohne Fotoapparat, um das schwarze Stahltier, vertiefen ihren Blick in seine öltriefenden Gliedmaßen und verfolgen die sich über seinen Leib verflüchtigenden Dampfwolken. Dem am Nachbargleis einlaufenden ICE gilt allenfalls ein flüchtiger Blick.

Wir wollen sie dennoch nicht zurück wünschen, die in der Rückschau allzu gern glorifizierte Dampflokzeit. Wer möchte schließlich die Annehmlichkeiten des technischen Fortschritts, der modernen Zivilisation und des gesellschaftlichen Lebens missen? Mehrmals war das Zeitalter der Dampflokomotive von den dunkelsten Epochen der Geschichte überschattet, so auch das Leben der österreichischen Reihe 310. Deshalb soll uns bei der folgenden Lektüre nicht blinde Schwärmerei leiten, aber die segensreiche kulturgeschichtliche und humanitäre Aufgabe, die die Dampflokomotive in ihrer nunmehr fast 200-jährigen Geschichte durch eine tiefgreifende Verbesserung der Lebensbedingungen und der gesellschaftlichen Entwicklung erfüllt hat, soll uns durchaus bewusst bleiben.

In diesem Sinne wollen wir die Reihe 310, die klassische österreichische Schnellzuglokomotive, auf ihrem wechselvollen Weg vor dem Hintergrund einer bewegten Zeitgeschichte begleiten. Die Reihe 310 war eine Lokomotive der besonderen Art: Unverwechselbar österreichisch in ihrem Charakter, einzigartig in ihrer Bauart und faszinierend in ihrer Erscheinung. Sie war Karl Gölsdorfs viel bewunderte 1´C2´-Type. Möge das Buch Andenken an die große Zeit der österreichischen Dampflokomotive neu beleben und Karl Gölsdorf, dem geistigen Vater dieses Schienenstars und vieler anderer österreichischer Konstruktionen, als einen der ganz Großen seiner Zunft ein würdiges Erinnern bewahren.

Der Autor dankt an dieser Stelle allen Eisenbahnfreunden und dem Modellbahnhersteller Roco aus Salzburg, die zum Gelingen dieses Buches ihre Archive geöffnet und damit dazubeigetragen haben, dass eine große Anzahl bisher unveröffentlichter Aufnahmen den Bildteil bereichern.

Heribert Schröpfer
Augsburg, im Juli 2001

Inhalt

1. Zur Einführung 8

2. Das Wiedererstehen einer Legende 10

3. Die Prestige-Lokomotive des österreichischen Kaiserreichs 12

3.1 Die Entstehungsgeschichte 12
3.2 Der technische Aufbau 21
3.3 Betriebseinsatz der Reihe 210 in Österreich bis 1918 25
3.4 Der Heißdampf setzt sich durch 29
3.5 Einsatzgeschichte der Reihe 310 bei den kkStB 31

4. Die Reihe 310.300 35

4.1 Brotan-Kessel 35
4.2 Emigration 38

5. Prestigeverlust in der Heimat 39

6. In der Tschechoslowakei und in Polen 69

6.1 Unter dem böhmischen Löwen 69
6.2 Unter dem polnischen Adler 70

7. In Diensten der Deutschen Reichsbahn 77

8. Getrennte Wege 85

9. Im Zweiten Weltkrieg 88

10. Die letzten Einsatzjahre 99

11. Die Reihe 310 im Spiegelbild ihrer Zeit 103

12. Rückschau 111

13. Die Traditionslokomotive 310.23 117

14. Anhang 125

Abkürzungen *125*
Literaturverzeichnis *126*

1. Zur Einführung

Als 1985 mit den Vorbereitungen für das 150-jährige Jubiläum der Dampfeisenbahn in Österreich begonnen wurde, war vorgesehen, im Rahmen eines Jahres der Bahn bei über 120 verschiedenen Veranstaltungen sowohl die Tradition als auch den Fortschritt dieses auch heute noch für die Volkswirtschaft unentbehrlichen Verkehrsmittels augenfällig zu demonstrieren. Als Höhepunkt der Feierlichkeiten war auf dem Gelände des Heizhauses Straßhof nordöstlich von Wien an der Strecke der ehemaligen Nordbahn, auf der am 17. November 1837 die Lokomotive »Austria«den Eröffnungszug vom Wiener Vorort Floridsdorf nach Wagram führte, eine große Fahrzeugparade geplant. Eine große »Cavalcade« sollte die Fahrzeugentwicklung während der verschiedenen Epochen der Eisenbahngeschichte anschaulich machen. Das Spektrum reichte von der ältesten betriebsfähigen Lokomotive, der »Licaon«, bis zum modernsten Elektrotriebzug. Als wichtiges Glied in der Ahnenreihe durfte eine typisch österreichische Dampf-Schnellzuglokomotive nicht fehlen. Die Wahl fiel auf die 310.23, die seit 1974 im Freigelände des Technischen Museums Wien ein wenig beachtetes Dasein führte. Wie keine andere Dampflokomotive repräsentierte sie die »Belle Epoque« der Schiene, die

Zum Aufgabengebiet der Reihe 310 gehörte auch die Bespannung des Orient-Express. Das Aquarell von Heribert Schröpfer zeigt eine 310 mit dem bekannten Luxuszug bei Melk an der Donau.
Aquarell: Schröpfer

Dr. Ing. h.c. Karl Gölsdorf (1861-1916), seit 1893 im Konstruktionsbüro der kaiserlich-königlichen österreichischen Staatsbahnen (kkStB) tätig, verlieh durch seine zukunftsweisenden Entwürfe dem Lokomotivpark der kkStB ein modernes Gepräge. In seiner 23-jährigen Tätigkeit schuf Gölsdorf 25 Bauarten in 47 Varianten. Er ging als einer der aktivsten und ideenreichsten Konstrukteure in die Eisenbahngeschichte ein. Die Zeichnung entstand nach einer Büste im Wiener Eisenbahnmuseum.
Zeichnung: Schröpfer

große Zeit der Eisenbahn, als sie den Höhepunkt ihres Ansehens erreicht hatte und als schnellstes und leistungsfähigstes Verkehrsmittel keine Konkurrenz zu fürchten hatte. Neben dem Militärwesen und der Kriegsflotte war die Eisenbahn das dritte nationale Prestigeobjekt des Staates, dessen uneingeschränktes Wohlwollen sie genoss.

Mag die Beurteilung der Betriebseigenschaften der Reihe 310 aus der Sicht der Gegenwart auch zwiespältig sein, allein ihr Entwurf mit der für Schlepptenderlokomotiven weltweit einmaligen Radsatzfolge 1´C2´, mit der ihr Schöpfer Karl Gölsdorf das Problem der konterkarierenden Forderungen nach einer zeitgemäß leistungsfähigen Schnellzuglokomotive löste, verdient schon für sich einer technikgeschichtlichen Würdigung. Einerseits war ihm auferlegt, die von der Militärverwaltung verfügte Achslastgrenze von 14,5 t nicht zu überschreiten, andererseits sollte die Lokomotive mit energiearmer Kohle aus der heimischen Produktion auskommen und dennoch eine Leistungssteigerung im Schnellzugverkehr der kaiserlich-königlichen österreichischen Staatsbahnen (kkStB) erbringen. Dass sich dies nicht ohne gewisse Abstriche realisieren ließ, ist schon allein in den Naturgesetzen begründet. Gegenüber der in anderen Ländern zeitgleich angewandten 2´C1´-Bauform bot Gölsdorfs Umkehr der Radsatzfolge die Möglichkeit zur Erfüllung dieser gegensätzlichen Forderungen, nämlich einer tiefen und breiten Feuerbüchse ohne Überlastung eines einzelnen Schleppradsatzes. Nicht ohne Grund wurde Karl Gölsdorfs Schöpfung 1911 in der amerikanischen Zeitschrift »Railway Age« mit dem Attribut *»superb«* gewürdigt. Wenig bekannt ist, dass diese bemerkenswerte Lokomotivbauart auch zweimal im Bestand einer deutschen Staatsbahn erschienen ist: als S 11 der Preußischen Staatseisenbahn nach dem Ersten Weltkrieg und als Baureihe 16.0 der Deutschen Reichsbahn in zweiter Besetzung nach der Eingliederung Österreichs in das Deutsche Reich im März 1938.

Die »Geburtsurkunde« der 310.23 an ihrem massiven Schwingenträger. Die Lok ist anlässlich der Festivitäten zur 150-Jahrfeier der Eisenbahn in Österreich in Wien Nord ausgestellt (August 1987).
Foto: Wunschel

2. Das Wiedererstehen einer Legende

Nach Überwindung zahlreicher bürokratischer Hindernisse wurde am 16. November 1985 die 16.08 – so lautete die letzte Bezeichnung der 310.23 – aus ihrem Dornröschenschlaf im Freigelände des Technischen Museums in Wien erweckt und zu nächtlicher Stunde per Straßenroller in die Zugförderungsleitung (Zfl) Wien West transportiert, wo sie einer ersten Untersuchung unterzogen wurde. Nach den notwendigen Vorbereitungen und dem bestandenen Probelauf erfolgte die Überstellung in die Hauptwerkstätte Knittelfeld, wo sie am 1. Dezember 1985 eintraf. Bis zum Februar 1986 dauerten die Abrüst- und Zerlegearbeiten, die einen umfangreichen Reparaturbedarf offen legten. Zahlreiche Kesselteile mussten neu angefertigt werden, so dass erst am 2. Oktober 1986 eine erste Kesselprüfung stattfinden konnte. Nach dem Abschluss des Wiederaufbaus konnte die Maschinen – noch unlackiert – am 2. März 1987 angeheizt und der Kessel auf seine Dichtheit geprüft werden. Am 19. März 1987 bewegten erstmals wieder die Kolben der 310.23 mit eigener Kraft die mächtigen Treibräder. Noch im gleichen Monat berührte anlässlich einer Probefahrt nach St. Veit an der Glan die Tachometernadel der 310.23 die 100-km/h-Marke. Die Rückkehr der Veteranin zu ihrer einstigen Einsatzstelle Wien Nord gestaltete sich zu einem Triumphzug vor dem zahlreich erschienenen Publikum. Nach einer großartigen Präsentation bei der Jubiläumsparade im Herbst 1987 fuhr die Lok – nun wieder mit ihrer alten Nummer – in ihrem zweiten Leben zahlreiche Sonderzüge und vertrat sozusagen das »österreichische Element« auch bei Bahnjubiläen in den

Seit ihrer betriebsfähigen Aufarbeitung ist die 310.23 der Star zahlreicher Sonderfahrten und Lokausstellungen. Dabei gastierte die Maschine nicht nur in Österreich, sondern auch in den angrenzenden Ländern. Am 8. Juli 1989 bespannte die 310.23 einen Sonderzug in Brünn.
Foto: Neudert

Nachbarländern, die einmal zum alten Kaiserreich gehörten.

Als 1997 der fortschreitende Altersaufbrauch bei der 310.23 nicht mehr zu ignorieren war, gelang es Dank der gemeinsamen Bemühungen des Technischen Museums als Eigentümer der Lokomotive, des Österreichischen Bundesdenkmalamtes und der Firma Roco aus Salzburg als weltweit bekannter Hersteller hochwertiger Modelleisenbahnen das drohenden Aus abzuwenden. Da die »Dampflokheilstätte« Knittelfeld nicht mehr existierte, ging der Auftrag zur Wiederherstellung der Betriebsfähigkeit der österreichischen Paradelok an das tschechische Ausbesserungswerk Česke Velenice, das einstmals zur niederösterreichischen Stadt Gmünd gehörte und lange Zeit am Fahrweg der Reihe 310 lag.

Durch eine überaus erfolgreiche Bausteinaktion der Firma Roco – innerhalb von nur drei Monaten wurden 8.000 Bausteine verkauft – und durch weitere Spenden kam eine Kapital von rund 3,2 Millionen österreichischer Schillinge (öS) zusammen. Mit dieser Summe konnten die veranschlagten Kosten knapp gedeckt werden, so dass im Herbst 1999 das Projektkonsortium den Reparaturauftrag erteilte. Die genaue Prüfung der Schäden nach der Zerlegung der Lokomotive in ihre Bestandteile ließ eine umfangreiche Liste entstehen, an deren erster Stelle die Fertigung eines neuen Kessels stand. Der alte, genietete Dampferzeuger wurde durch eine wiederum dreischüssige Neukonstruktion in zeitgemäßer Schweißtechnik ersetzt, die aber optisch dem historischen Vorbild zu entsprechen hatte. Auch die ausgezehrte Kupferfeuerbüchse musste durch eine solche aus Stahl nach neuzeitlicher Fertigungstechnik ersetzt werden. Zur Wahrung des äußeren Erscheinungsbildes der 310.23 wurden die früher sichtbaren Nietköpfe nachgebildet. Unerwartet trat bei der Ultraschallprüfung der doppelt gekröpften Treibachse ein tiefer Riss zu Tage,der ebenfalls zur Neuanfertigung dieses teuren und schwer herzustellenden Bauteils zwang. Der Auftrag für ihre Herstellung nach den Maßzeichnungen von 1911 ging an die Firma Škoda Steel in Pilsen, deren Experten diese kompliziert geformte, bisher aus fünf Teilen bestehende Achse maßgerecht in einem Stück schmiedeten. Dieser beträchtliche Mehraufwand verzögerte nicht nur die Fertigstellung der Lokomotive, er erforderte auch die Schließung einer unerwarteten Finanzierungslücke. Am 9. Oktober 1999 konnte schließlich die wie neu wirkende Lok ihre erste Fahrt in ihr drittes Leben antreten, die über den Semmering führte. Gerüstet für das dritte Jahrtausend wird diese typische Vertreterin des altösterreichischen Lokomotivbaues wieder für Nostalgiefahrten und Bahnjubiläen zur Verfügung stehen und an das »Goldene Zeitalter« der Eisenbahn erinnern.

Auch in Deutschland konnten Eisenbahnfreunde die 310.23 bewundern. Am 25. Juni 1994 stand die Maschine auf einer Lokschau in Chemnitz.
Foto: Neudert

3. Die Prestige-Lokomotive des österreichischen Kaiserreiches

3.1 Die Enstehungsgeschichte

Was war und was ist an dieser Lokomotive eigentlich so bemerkenswert? Schon allein ihr kompliziertes Vierzylinder-Verbundtriebwerk, welches einen Dreisatz von 2,14 m hohen Kuppelrädern antrieb, und ihr glatter, von Apparaten und Zierrat freigehaltener nach hinten konisch erweiterter Kessel, der stufenlos in das Führerhaus überging, hinterließ stets einen nachhaltigen Eindruck. Worin ihre Konstruktion jedoch einmalig ist, das ist die Radsatzformel 1´C2´, die sich weltweit bei keiner anderen Schlepptenderlokomotive wiederfindet. Was hat ihren Konstrukteur Karl Gölsdorf (1861 – 1916) veranlasst, die vielversprechende Bauart 2´C1´, welche die klassische Bauform der Schnellzug-

Zu Beginn von Gölsdorfs Konstruktionstätigkeit für die kkStB waren die 2´Bn2-Maschinen der Reihe 4 die leistungsfähigste Lokomotiven für den Schnellzugdienst. Von 1885 bis 1897 in 214 Stück gebaut, genügte die Reihe 4 zwar den damaligen Betriebserfordernissen, war aber noch ganz den inzwischen überholten Bauprinzipien aus der Mitte des 19. Jahrhunderts verhaftet. Die abgebildete 4.21 wurde 1886 von der Lokomotivfabrik Sigl unter Fabriknummer 3.090 geliefert.

Foto: Zell, Slg. Töpelmann, Archiv transpress

Dampflokomotive verkörperte, einfach umzudrehen? War es Experimentierfreude, war es die verwegene Idee eines waghalsigen Genies? Oder gar der Ausdruck einer Profilneurose? Allen Vermutungen dieser Art widerspricht der gewissenhafte Charakter dieses Mannes. Wie wir sehen werden, waren es konterkarierende Sachzwänge, die Karl Gölsdorf zu diesem Schritt veranlassten.

Werfen wir einen Blick auf die Situation des hochwertigen, so genannten »qualifizierten« Reiseverkehrs in der österreichischen Reichshälfte der alten Donaumonarchie zur Zeit der Wende vom 19. zum 20. Jahrhundert. Zur Verbesserung der unbefriedigenden Betriebsverhältnisse auf den Streckennetzen der als private Kapitalgesellschaften gegründeten und teilweise untereinander konkurrierenden Bahnunternehmen wurde am 1. Juli 1882 auf der Grundlage des »Sequestrationsgesetzes« von 1877 die »Kaiserlich-königliche Direktion für Staatseisenbahnbetrieb« eingerichtet. Sie firmierte ab dem 1. Juli 1884 als »Kaiserlich-königliche Generaldirektion der Staatsbahnen«. Dieser Verwaltungsakt löste nach Jahren der Stagnation als Folge der Wirtschafts- und Finanzkrise der 1870er-Jahre neue Impulse zum dringend notwendigen Fortschritt im Lokomotivbau aus. Mit der Berufung von Dr. Ing. Karl Gölsdorf in die Generaldirektion der kaiserlich-königlichen Staatsbahnen (kkStB) im Jahr 1891 trat eine entscheidende Wende bei der Beschaffung neuer Fahrzeuge ein, die in mehrfacher Hinsicht wegweisenden Neuerungen zum Durchbruch verhalf.

Der berühmte Konstrukteur, dessen Name in der Entwicklungsgeschichte der Dampflokomotive einen Spitzenplatz einnimmt, wurde ins Metier geradezu hineingeboren. Als Sohn des späteren, ursprünglich aus Sachsen stammenden Maschinendirektors der Südbahn-Gesellschaft, Louis Göls-

Gölsdorfs erste Schnellzuglokomotive Reihe 6 war ein Quantensprung in der technischen Weiterentwicklung. Hohe Kessellage mit großer Heizfläche und tiefer Feuerbüchse über dem Rahmen, äußere Heusinger-Steuerung, weitgespreiztes Laufachsgestell mit beweglichem Drehpunkt und Kuppelräder von 2.140 mm Durchmesser lassen ein zukunftsweisendes Konzept erkennen. Mit einer Leistung von rund 700 PS übertraf sie nicht nur die Reihe 4 um fast 50 Prozent, sondern nahm auch eine Spitzenstellung im europäischen Lokomotivbau ein. Die hier abgebildete 6.05 lieferte Sigl 1894 unter der Fabriknummer 3.704.

Foto: Zell, Slg. Töpelmann, Archiv transpress

War das Äußere der Reihe 6 und der etwas verbesserten Reihe 106 noch ganz von nüchterner Funktionalität geprägt, so verlieh Karl Gölsdorf der Nachfolgebauart aus dem Jahr 1903 nach einer Englandreise auch eine ästhetische Komponente. Bei der von Hermann Maey in Wien West abgelichteten 13 162 handelt es sich um die ehemalige 206.22 (Wiener Neustadt 4.586/1904). Mit Pufferwarnanstrich stand sie noch zu Beginn des Zweiten Weltkrieges im Einsatz.
Foto: Slg. Knipping

dorf, erblickte Karl Gölsdorf am 8. Juni 1861 in Wien das Licht der Welt. Nach seinem Ingenieurstudium trat Karl Gölsdorf 1884 in das Konstruktionsbüro der Maschinenfabrik der ehemaligen Staatseisenbahngesellschaft (StEG) ein, die ihm schon nach zwei Jahren die Leitung der Montagewerkstätte übertrug. 1891 folgte er dann der Berufung in die Generaldirektion der Staatsbahnen und 1896 in das neu errichtete Eisenbahnministerium. Mit der Ernennung zum Sektionschef 1913 hatte Gölsdorf die höchste Stufe der Ingenieurlaufbahn erreicht.

Eine Reise nach England erweiterte seine technischen Erkenntnisse und weckte in ihm ein neues Formgefühl, das sich in allen seinen späteren Konstruktionen in gefälligen Proportionen offenbarte. Eine Halserkrankung riss Gölsdorf am 18. März 1916 im Alter von 54 Jahren während eines Erholungsaufenthaltes am Semmering unerwartet aus seinem schöpferischen Leben. Seit 1893, dem Beginn seiner eigenständigen Konstruktionstätigkeit, schuf Gölsdorf insgesamt 25 Grundtypen in 47 Bauartvarianten für die kkStB. Sein besonderes Talent und seine einmaligen Fähigkeiten offenbarten sich in der praktischen Anwendung und Verbesserung der geltenden Prinzipien. Als Pionier der Vereinheitlichung wichtiger Baugruppen und Einzelteile der Lokomotiven war er seiner Zeit voraus. Gölsdorfs Neuentwicklungen stand als größtes Hindernis die von der Militärverwaltung verfügte Begrenzung der Achslast auf maximal 14,5 t im Weg. In obsoleten Vorstellungen verhaftet, glaubten die Militärs auf diese Weise im Kriegsfall eingedrungenen feindlichen Heeren den Nachschub zu erschweren, ohne sich zu vergegenwärtigen, dass dadurch auch die eigenen militärische Logistik mit eingeschränkt wird. Karl Gölsdorf hatte stets auf eine Lockerung gehofft. Nicht zuletzt war es diese Zäsur, die zum Bau der Reihe 310 führte.

Bevor wir uns dem technischen Aufbau und der

Betriebsgeschichte der Reihe 310 zuwenden, erscheint ein Rückblick auf die Traktionsverhältnisse im qualifizierten Reiseverkehr der Staatsbahn im alten Kaiserreich geboten. Revolutionäre Unruhen und Unabhängigkeitsbewegungen in den Jahren 1848/49 und die verlorenen Kriege von 1859 und 1866 hatten den Verlust wertvoller Gebiete in Oberitalien zur Folge. Damit einher ging eine nachhaltige Zerrüttung der Volkswirtschaft in der gesamten österreichisch-ungarischen Monarchie. Der mühsame Sanierungsprozess erlitt durch den Zusammenbruch des Wiener Börsenwesens im Jahr 1873 einen schweren Rückschlag. Wichtige Bahnbauten mussten eingestellt und notwendige Investitionen zurückgestellt werden. Es bedurfte großer Anstrengungen des Staates, den für das wirtschaftliche Leben unverzichtbaren Ausbau des Streckennetzes im größten Flächenstaat des europäischen Kontinents westlich des eurasischen Russland nicht scheitern zu lassen. Im deutsch-dänischen Krieg von 1864 und im preußisch-österreichischen Krieg von 1866 bewiesen die Eisenbahnen auch ihre Bedeutung als militärisches Transportmittel. Einer wenig fruchtbaren Epoche privater Betriebsführung des gesamten Eisenbahnnetzes folgte eine stufenweise Verstaatlichung wirtschaftlich und strategisch wichtiger Linien. Die Neuorganisation des Eisenbahnwesens fand durch das kaiserliche Statut über die Errichtung der kaiserlich-königlichen Generaldirektionen der Staatseisenbahnen vom 1. August 1884 ihren Abschluss.

Die letzte Entwicklungsstufe erreichte die 2´B-Schnellzuglokomotive der kkStB im Jahr 1908 in der Zweizylinder-Verbundausführung in Heißdampftechnik als Reihe 306, als die Ära der Zweikuppler schon zu Ende ging. Die drei von der StEG gelieferten Einheiten, deren besondere Zierde die niedrige Domhaube aus blankem Messing war, waren unter anderem dem kaiserlichen Hofzug vorbehalten. Im leichten Schnell- und Personenzugdienst konnten sich die Maschine bis zur Übernahme durch die Deutsche Reichsbahn behaupten, die sie als Baureihe 13^2 einreihte. Der Druckluftkessel ist eine spätere Zutat, für den man keinen anderen Platz als auf der Pufferbohle fand. Die vom Altmeister Carl Bellingrodt aufgenommene 13 201 (ex 306.011, StEG 3.502/1908) gehörte 1938 zum Einsatzbestand des Bw Linz.
Foto: Bellingrodt, Slg. Knipping

Zu Gölsdorfs Meisterwerken zählt die Reihe 108, die erste Vierzylinder-Verbundschnellzuglokomotive in klassischer Anordnung. Bei Schnellfahrversuchen zwischen Wien und St. Pölten erreichte sie mühelos 143 km/h und entwickelte bei der Leistungserprobung kurzzeitig bis zu 1.500 PS. Mit ihrer Einführung konnten die Fahrzeiten auf der Franz-Josef-Bahn und der Nordbahn erheblich verkürzt werden. Dennoch musste auch diese gelungene Bauart durch das rasante Anwachsen der Zuggewichte das Schicksal der meisten Zweikuppler teilen und in die zweite Reihe zurücktreten. Das vom Autor gefertigte Aquarell stellt die österreichische »Atlantic« auf einem eingleisigen Abschnitt der Franz-Josef-Bahn dar. Auf der Industrieausstellung in Mailand von 1906 wurde die 108.22 mehrfach prämiert.
Abbildung: Schröpfer

Der übernommene Lokomotivpark bot ein höchst uneinheitliches Bild, da jede Eisenbahngesellschaft auf ihre Verkehrsbedürfnisse zugeschittene Typen beschafft hatte. Für den an noch immer bescheidenen Ansprüchen ausgerichteten Eilverkehr verwendeten die Privatbahnen bereits Zweikuppler mit einem führenden Drehgestell nach Kamper´scher Bauart, das über eine Deichsel an einem nach vorn verlegten Drehzapfen angelenkt war. Die tiefe Kessellage, der Außenrahmen und die durch Achskurbeln und Exzenterscheiben charakterisierten Antriebs- und Steuerungsorgane waren die bestimmenden Elemente des technischen Aufbaus der damaligen Maschinen. Hohe Kesselaufbauten, Federwaag-Sicherheitsventile, Füllschalen und der hohe, meist von einem wuchtigen Kobelfunkenfänger gekrönte Kamin prägten das äußere Erscheinungsbild der Lokomotiven. Auch die erste, von den kkStB beschaffte Schnellzuglokomotive, die Reihe 4, aus dem Jahr 1885 folgte noch diesen Prinzipien. Als Vorbild diente die Serie AF 111 der Kaiser-Franz-Josefs-Bahn aus dem Jahr 1879. Mit einer Leistung von rund 550 PS war die Reihe 4 die stärkste Schnellzugtype zu Beginn von Gölsdorfs Karriere. Bei ihrer Inbetriebnahme oblag der Bauart die Beförderung von Schnellzügen, die überwiegend aus zweiachsigen Reisezugwagen gebildet und selten schwerer als 100 bis 150 t waren. Die Fahrgeschwindigkeit der Maschinen von 60 bis 80 km/h genügte lange Zeit den Bedürfnissen. Mit dem Übergang zu drei- und vierachsigen Durchgangswagen und der vermehrten Einstellung von

Es ist aus heutiger Sicht nur schwer nachvollziehbar, was Gölsdorf nach einer Reihe fortschrittlicher Bauarten bei seiner ersten Hügelland-Schnellzuglokomotive (Reihe 9) bewog, noch einmal auf überholte Konstruktionsprinzipien, wie Außenrahmen, Innentriebwerk und Hubscheiben für die Schieberbewegung zurückzugreifen. Dominierendes Bauelement war der auf den Domsockeln aufgesetzte Dampfsammelbehälter. Infolge großer mechanischer Widerstände entsprach die Reihe 9 nicht den Erwartungen. Erst der Umbau von 19 Einheiten zu Heißdampf-Zweizylinder-Maschinen der Reihe 409 von 1922 bis 1928 brachte befriedigende Ergebnisse. Die Maschinen wurden zu einem Markenzeichen für die Ennstal- und Gesäusestrecken. Die Deutsche Reichsbahn ordnete die Reihe 409 sogar als Baureihe 17⁶ den Schnellzuglokomotiven zu.

Foto: Slg. Töpelmann, Archiv transpress

Schlaf- und Speisewagen gerieten die leichten Zweikuppler bald an die Grenze ihrer Leistungsfähigkeit und zwangen so häufig zu unwirtschaftlichen Doppelbespannungen. Bis 1897 gelangten insgesamt 214 solcher 2´B-Lokomotiven teils als Neubauten, teils aus Beständen der verstaatlichten Privatbahnen als Reihe 4 in den Bestand der kkStB. Hersteller der Maschinen waren die Lokomotivfabriken Wiener Neustadt, Krauss in Linz, Floridsdorf und die Maschinenfabrik der ehemaligen Staatseisenbahngesellschaft (StEG). Mit diesen Lokomotiven bespannten die kkStB über ein Jahrzehnt ihre Schnellzüge, die damals noch als Eil- oder Kurierzüge bezeichnet wurden. Wegen des häufig notwendigen Lokwechsels waren die Maschinen auf zahlreiche Heizhäuser von Voralberg bis hin zur Bukowina und von den Sudetengebirgen bis zur Adriaküste verteilt. Als im letzten Jahrzehnt des 19. Jahrhunderts bessere Verkehrsverbindungen von der Kaiserresidenz Wien zu den wichtigsten Wirtschafts- und Verwaltungszentren gefordert wurden, war sich Gölsdorf im Klaren darüber, dass eine Weiterentwicklung auf der Grundlage der überholten Konstruktionsprinzipien der vorhandenen Lokomotiven nicht zum Ziel führen konnte. Sein Entwurf sah eine wesentlich kräftiger dimensionierte 2´B-Bauart, jedoch mit zeitgemäßem Innenrahmen, äußerer Heusinger-Steuerung und, nach den guten Erfahrungen mit seinen C-Güterzuglokomotiven der Reihe 59, mit einer Verbundmaschine vor. Die mächtigen Kuppelräder von 2.140 mm sollten die Einhaltung einer Geschwindigkeit von 100 km/h bei niedrigen Drehzahlen und geringer Triebwerksabnützung gewährleisten. Den Kessel brachte Gölsdorf erstmals auf eine Höhe, die trotz der großen Kuppelräder die zwangsfreie Anlage einer großen Feuerbüchse über dem Rahmen gestattete und durch sorgfältige Massenverteilung die Einhaltung einer Achslast von 14,4 t ermöglichte. Bei Probefahrten erreichte die als Reihe 6 bezeichnete Lokomotive auf ebener Strecke mit einer Wagenlast von 140 t mühelos eine Geschwindigkeit von 108 km/h und mit einem Zwei-Wagen-Zug sogar 130 km/h, eine für die damalige Zeit bemerkenswerte Leistung. Mit dieser über 700 PS starken und für 90 km/h zugelassenen Bauart konnten die Fahrzeiten erheblich verkürzt werden. Der Bäderzug Wien – Karlsbad benötigte mit dieser Maschine nur noch acht statt bisher zwölf Stunden und auch auf anderen Hauptstrecken der kkStB konnten die Reisezeiten spürbar gekürzt werden.

Ab 1898 wurde die Reihe 6 mit Detailverbesserungen als Reihe 106 weitergebaut. Trotz allgemein guter Bewährung hielt Karl Gölsdorf 1902 eine grundlegende Überarbeitung für angezeigt. Er legte die Kesselmittelachse auf die für die damalige Zeit erstaunliche Höhe von 2.800 mm über Schieneoberkante. Durch die größere Krebstiefe der Feuerbüchse wuchs die hochwertige Strahlungsheizfläche, so dass trotz kürzerer Heizrohre die Kesselleistung eine Steigerung erfuhr. Mit dieser als Reihe 206 bezeichneten Gattung verließ Gölsdorf auch das unruhige, funktionell bestimmte Erscheinungsbild seiner bisherigen Entwürfe. Der Doppeldom mit Verbindungsrohr wich einem formschönen Einzeldom mit aufgesetzten Sicherheitsventilen. Die Radsätze erhielten einen bogenförmig um die Treibachse geführten Umlauf und das Führerhaus bekam einen schwungvollen Seitenausschnitt. Von 1903 bis 1907 stellten die kkStB insgesamt 70 Einheiten der Reihe 206 in Dienst.

Nachdem auch in Österreich Versuche mit Heißdampf bei Privatbahnen erfolgreich verlaufen waren, entschlossen sich auch die Staatsbahnen, sich den Vorteilen dieser neuen Technologie zuzuwenden. Karl Gölsdorfs zögerliche Haltung gegenüber dem Heißdampf war auf das in Österreich fehlende hitzebeständige Zylinderschmieröl zurückzuführen, dessen notwendige und teure Einfuhr Zweifel an der wirtschaftlichen Anwendung des Heißdampfes aufkommen ließ. Nachdem ein Überhitzer eigener Konstruktion, der unter dem Kessel der 206.03 untergebracht war, sich ebensowenig bewährt hatte wie der wenig wirksame und schadanfällige Dampftrockner, gaben die kkStB 1907 schließlich bei der Maschinenfabrik der StEG drei 2´B-Schnellzuglokomotiven mit Schmidt-Überhitzer auf der Grundlage der Reihe 206 in Auftrag. Anders als Maschinendirektor Robert Garbe in Preußen, der Verfechter der Heißdampftechnik schlechthin, begnügte sich Gölsdorf nicht mit einer Zwillingsmaschine, sondern verband die Vorteile des Heißdampfes mit denen der zweistufigen Dampfdehnung. Von dieser letzten 2´B-Type wurden jedoch 1908 nur noch jene drei Stück als Reihe 306 in Dienst gestellt, da durch das stetige Anwachsen der Zuggewichte das Reibungsgewicht der Zweikuppler nicht mehr ausreichte. Damit sind wir aber der Zeit vorausgeeilt.

Im ersten Jahrzehnt des 20. Jahrhunderts war die Atlantic-Lokomotive mit der Radsatzfolge 2´B1´ bei allen großen Bahnverwaltungen die für den schnellen Reisezugdienst besonders prädestinierte Bauart. Um im Verkehr zwischen der Residenzstadt Wien und Prag als der zweitwichtigsten Stadt in der österreichischen Reichshälfte nicht der Konkurrenz der privaten StEG und der Österreichischen Nordwestbahn (ÖNWB) zu unterliegen, stellten die kkStB eine der fortschrittlichsten und leistungsfähigsten Atlantic-Maschinen, die Reihe 108, in Dienst. Sie war die erste 2´B1´-Type mit einem Vierzylinder-Verbundtriebwerk, welche die im selben Jahr in Betrieb genommene 2´B1´n2v der ÖNWB nicht nur leistungsmäßig, sondern auch in ästhetischer Hinsicht weit hinter sich ließ. Nach langjährigen Vorstudien wurde die Reihe 108 Karl Gölsdorfs hervorragendste Schnellzuglokomotive. Auf der Mailänder Industriemesse von 1906 wurde die 108.22 verdient mit einem Grand Prix ausgezeichnet. Bei Probefahrten erreichte die Bauart zwischen Wien und St. Pölten eine Höchstgeschwindigkeit von 143 km/h. 300 t schwere Reisezüge konnte die 1.400 PS starke Maschinen auf ebener Strecke mit der zugelassenen Höchstgeschwindigkeit von 100 km/h befördern. Damit ermöglichte die Reihe 108 eine wesentliche Verkürzung der Fahrzeiten auf den von Wien ausgehenden Strecken nach Prag, Eger (– Karlsbad) und auf der Nordbahn nach Krakau.

Um im Verkehr nach den südlichen Kronländern und den Adriahäfen nicht an Boden zu verlieren, hatte Gölsdorf schon in den 90er-Jahren des 19. Jahrhunderts die dreifach gekuppelte Hügelland-Schnellzuglokomotive der Reihe 9, eine 2`Cn2v, entworfen. Dieser Bauart hafteten noch die alten Konstruktionsmerkmale, wie niederige Kessellage und Außenrahmen, an. Zudem fiel die Reihe 9 durch einen mächtigen Dampfsammelbehälter auf dem Langkessel auf. Da die Type nur wenig befriedigte, entwarf Gölsdorf für den Schnellzugdienst auf neigungsreichen Strecken eine nach zeitgemäßen Gesichtspunkten konzipierte 1´C1´-Maschine mit Vierzylinder-Verbundtriebwerk, die 1905 als Reihe 110 in Betrieb ging und damals den größten Kessel aller europäischen Lokomotiven besaß. Mit Leistungsspitzen bis zu 1.500 PS war sie in der Lage, 400 t schwere Züge mit 50 km/h über Steigungen von zehn Promille zu schleppen, eine für die damalige Zeit viel beachtete Leistung. Zu deren Aufbringung war allerdings ein Rost von 4 m^2 erforderlich, der nicht mehr innerhalb des Rahmens untergebracht werden konnte. Gölsdorf sah deshalb eine weit nach hinten versetzte drehzapfenlose und radial einstellbare Adams-Schleppachse vor, welche die Unterbringung einer breiten und tiefen Feuerbüchse und die ungehinderte Zufuhr von Verbrennungsluft ermöglichte. Um die Lokomotive auf den vorhandenen 16-Meter-Drehscheiben wenden zu können, musste die führende Laufachse – ebenfalls nach dem Adams-Prinzip – nahe an den ersten Kuppelradsatz herangerückt werden, was eine starke Schräglage des Zylinderblocks bedingte. Gölsdorf hatte sich in seiner Kunst der Gewichtseinsparung bei dieser Bauart selbst übertroffen. Seine

Obwohl für den Hügellanddienst konzipiert, gehören auch die 1´C1´n4v- Maschinen der Reihe 110 und ihre Heißdampfvariante, die Reihe 10, in die Ahnengalerie der Reihen 210/310. Die Konturen ihres Kessels leiten bereits auf diese Bauarten über. Das Werkfoto zeigt die 1905 von Floridsdorf gebaute 110.01. Sie wurde 1929 ausgemustert.

Foto: Slg. Schröpfer

Devise, wonach an keiner Stelle eine Tonne, aber an tausend Stellen ein Kilogramm eingespart werden könne, wurde bei keiner anderen Bauart so konsequent umgesetzt wie bei der Reihe 110.

Mit der Serienreife des Schmidt-Überhitzers lag es nahe, auch die Reihe 110 damit auszustatten. Wegen der anfänglichen Schwierigkeiten mit dem Dichthalten der Kolbenschieber unter dem Einfluss der hohen Temperaturen hatte sich Karl Gölsdorf mit der Einführung des Überhitzers abwartend verhalten und einen von ihm modifizierten Clench-Dampftrockner an der Reihe 110 erprobt, der jedoch nicht befriedigte. Inzwischen hatte sich die Betriebstauglichkeit des Schmidt´schen Rauchröhren-Überhitzers erwiesen und seine wirtschaftlichen Vorteile waren überzeugend. Mit der als Reihe 10 bezeichneten Heißdampf-Variante konnten Züge mit 400 t Gewicht mit 55 km/h über Steigungen von zehn Promille gebracht und in der Ebene 615 t mit 90 km/h gefahren werden, wobei die Leistung bis auf 1.600 PS anstieg. Gegenüber der Reihe 110 ergab sich eine Kohlenersparnis von bis zu 30 %. Die Zuweisung der niedrigeren Reihennummer beruhte auf der bereits erfolgten Vergabe der Reihennummer 210 an die 1´C2´-Bauart, der Vorläuferin der Reihe 310.

Die schwierigen Betriebsverhältnisse auf den Alpenbahnen erforderten eine eigene Lokomotivbauart mit fünf Kuppelachsen. Speziell für den Schnellzugdienst auf der Arlbergbahn entwarf Gölsdorf 1904 eine kräftige 1´E-n4v-Lokomotive (Reihe 280), der – wie auch bei der Reihe 110 gesche-

Das Werkfoto zeigt die Heißdampflok 10.16 (Wiener Neustadt 4.998/1909) im Anlieferungszustand. 1938 übernahm die Deutsche Reichsbahn die Maschine als 15 016 in ihren Bestand.

Foto: Slg. Knipping

hen – 1909 eine Heißdampf-Variante folgte (Reihe 380). Da diese seinerzeit als »Gebirgs-Schnellzuglokomotiven« bezeichneten Bauarten mit einer Höchstgeschwindigkeit von 70 km/h ihrem technischen Aufbau und ihren Betriebseigenschaften mehr den Güterzuglokomotiven nahe standen und nach ihrer Ablösung durch die Elektrifizierung auch als solche eingesetzt wurden, gehören sie nicht in den Rahmen dieser Betrachtung. Es soll aber nicht unerwähnt bleiben, dass diese Maschinen auf Grund Gölsdorfs Streben nach Vereinheitlichung in vielen Baugruppen und technischen Details mit seinen klassischen Schnellzuglokomotiven übereinstimmten.

Die Betriebsverhältnisse auf den neigungsärmeren Strecken der kkStB verlangten indessen nach einer anderen Lösung. Die Zugförderung wünschte eine kräftige, dreifach gekuppelte Lokomotive, die sowohl auf den Flachlandstrecken nördlich von Wien und in Galizien mit den angewachsenen Zugmassen Dauergeschwindigkeiten von 90 bis 100 km/h einhalten als auch auf mittleren Steigungen Vorspanndienste entbehrlich machen sollte. Gölsdorf dachte 1905 an eine 1´C1´-Maschine mit 16 t Achsfahrmasse, die aber wegen des Festhaltens der Militärbehörden an einer maximalen Achsfahrmasse von 14,5 t nicht realisiert werden konnte. In diesem Zusammenhang soll nicht unerwähnt bleiben, dass die in der ungarischen Reichshälfte selbstständig arbeitende Ungarische Staatsbahn (MAV) schon bald nach Beginn des 20. Jahrhunderts auf wichtigen Hauptstrecken eine Achsfahrmasse von 16 t zuließ und parallel zur österreichischen Entwicklung ohne konstruktive Zwänge den Bau einer 2´C1´-Type (Reihe 301) mit großem Rost und Kessel ermöglichte. Sicherlich lag es aber auch an dem mit hohen Kosten verbundenen Bau und dem teueren Unterhalt der Alpenbahnen, dass in Österreich das Geld für eine generelle Verstärkung der Strecken und Brücken fehlte.

Da die neue österreichische Schnellzuglokomotive aber nicht nur die Achslastgrenze einhalten, sondern auch noch mit der landeseigenen Kohle, die nur einen relativ niedrigen Heizwert besaß, auskommen sollte, war vor allem ein großer Feuerrost notwendig, der nicht mehr über einer einzelnen Schleppachse unterzubringen war, ohne diese zu überlasten. Bei den gleichzeitig entstandenen deutschen Schnellzuglokomotiven der Pacific-Bauart konnte die Schleppachse mit 16 t belastet werden, wodurch es für die Konstrukteure in Deutschland keine übermäßigen Probleme gab. Für Gölsdorf hingegen bot sich nur die Lösung in Form eines Drehgestells an, das die Last des schweren Stehkessels auf zwei Achsen verteilte. Da aber eine 2´C2´-Type damals eine überdimensionierte und noch nirgendwo ausgeführte Bauart ergeben hätte, die schon aus Kostengründen nicht akzeptabel gewesen wäre, lief das Projekt auf die Umkehr der Pacific, d.h. auf die Anordnung 1´C2´ hinaus. Nachdem die Bauart in Österreich entstanden war und das Land damals Anrainer des Adriatischen Meeres war, erhielt sie den anglizistischen Beinamen *»Adriatic«*. Sie blieb weltweit einmalig, da Tenderlokomotiven mit der Radsatzfolge 1´C2´anders zu bewerten sind.

Karl Gölsdorfs Planungen gehen auf das Jahr 1906 zurück. Der im folgenden Jahr zur Ausführung gelangte Entwurf sah wieder ein Vierzylinder-Verbundtriebwerk vor. In der chronologischen Folge innerhalb des Reihenschemas für dreifach gekuppelte Reisezuglokomotiven erhielt die 1´C2´-Type die Reihenbezeichnung 210.

Um Lizenzgebühren für den Schmidt-Überhitzer und die Ausgaben für hitzebeständiges Schmieröl aus dem Ausland einzusparen, kam bei der Reihe 210 nur ein Dampftrockner der Bauart Clench-Gölsdorf zur Anwendung. Mit der konstruktiven Durchbildung der Lokomotive wurde die Wiener Lokomotivfabrik Floridsdorf (WLF) beauftragt.

3.2 Der technische Aufbau

Wie schon bei der Reihe 110 kam ein so genannter »Wagon-top«-Kessel zur Anwendung. Charakteristisch für diese Bauform ist ein halbkegeliger hinterer Kesselschuss, dessen untere Begrenzung horizontal verläuft. Die anschließenden Kesselschüsse sind zylindrisch ausgebildet. Diese Formgebung gewährt über der Feuerbüchse einen reich-

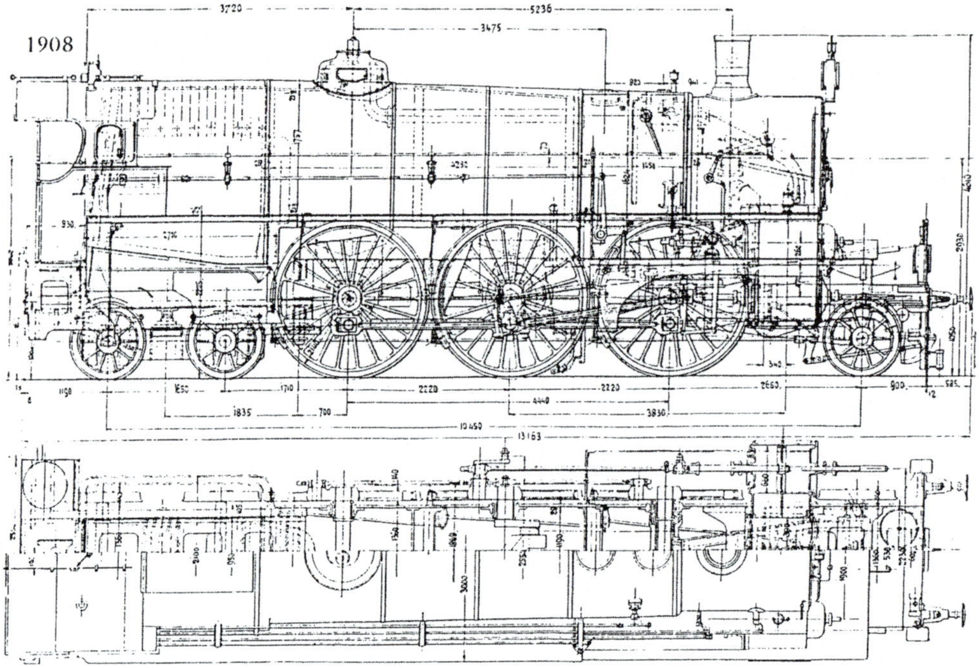

Seitenansicht der Reihe 210

Zeichnung: Slg. Schröpfer

lich dimensionierten Dampfraum und spart erheblich an Gewicht. Diese Kesselbauform war nicht neu, wurde sie doch bereits 1858 von der Lokomotivfabrik Rogers in den USA erfolgreich eingeführt. Es verwundert deshalb nicht, dass Gölsdorf unter dem Zwang rigoroser Gewichtseinsparung auf sie zurückgriff. Der Dampfdom mit den aufgesetzten Coale-Sicherheitsventilen hat seinen Platz auf dem konischen Schuss. An die 2.000 mm lange Rauchkammer schloss ein zylindrisches Kesselsegment von 1.660 mm Außendurchmesser an, dem der konische Abschnitt folgte und die Verbindung zu dem zylindrischen dritten Kesselschuss mit einem Durchmesser von 1.800 mm herstellte. Die Außenverschalung war in der Weise gestaltet, dass der sanfte Anstieg vom Rauchkammerende bis zur Höhe des dritten Segments den mittigen Knick kaschierte. Mit 291 Siederohren von 5.700 mm Länge wurde eine wasserberührte Verdampfungsheizfläche von 207,45 m^2 und zusammen mit den 15,10 m^2 der kupfernen Feuerbüchse von insgesamt 222,55 m^2 geschaffen. Im vorderen Kesselschuss war der trommelförmige Dampftrockner mit 69,9 m^2 Fläche und das Reglergehäuse mit rechtsseitigem Außenzug untergebracht. Der 4,62 m^2 große Rost war leicht geneigt. Seitliche Luftfangtaschen sorgten für ausreichende Zufuhr von Verbrennungsluft. Der Dampfdruck des Kessels war auf 15 atü festgesetzt.

Die zweistufige Dampfmaschine war nach der Bauart von Borries mit gemeinsamem Antrieb auf der zweiten Kuppelachse angelegt. Der innen liegende Hochdruck- und der außen liegende Niederdruckzylinder einer jeden Maschinenseite waren mit

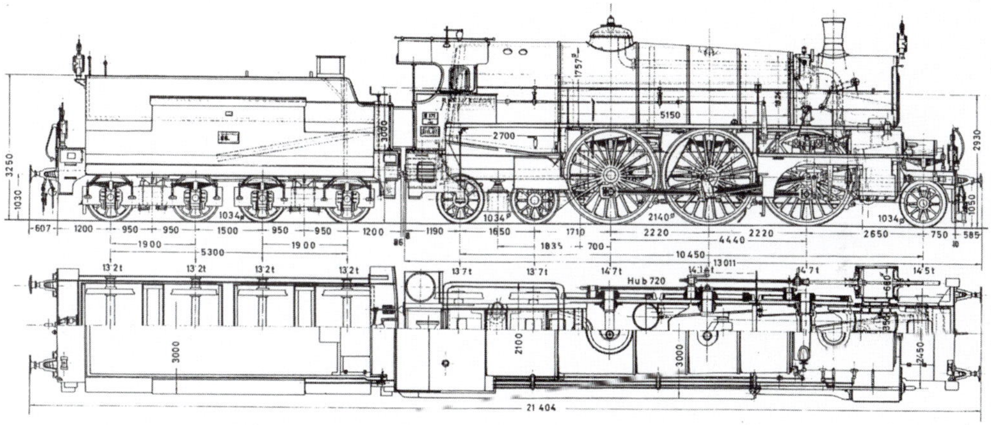

Seitenansicht der Reihe 310

Zeichnung: Slg. Schröpfer

einem gemeinsamen Rohr-Kolbenschieber in einem Gussstück zusammengefasst. Beide Gussstücke waren miteinander verschraubt. Die Kombination von ineinander geschobenen Hochdruck (HD)- und Niederdruck (ND)-Schiebern auf einer gemeinsamen Schieberstange ermöglichte zwar einen einfach von außen zugänglichen Steuerungsantrieb, jedoch mit wärmewirtschaftlichen Nachteilen und einem hohen inneren Widerstand durch die Bewegung der schweren Schieberkörper. In Ermangelung von Druckausgleichkanälen mussten die Pumpwiderstände in den Zylindern auch bei der Fahrt im Gefälle durch ein weites Auslegen der Steuerung und eine stetige Dampfzufuhr überwunden werden. Die Kolben und Schieberkörper besaßen federnde Ringe und waren für beide Dampfstufen auf gleiche Füllungen eingestellt. Die HD-Schieber mit einem Durchmesser von 340 mm (ab 210.002: 400 mm) hatten innere, die ND-Schieber mit 338 mm Durchmesser äußere Einströmung. Die innen angeordneten HD-Zylinder waren 1 : 8,15 geneigt, um Kreuzkopf und Treibstange über die erste Kuppelachse hinwegzuführen. Die gekröpfte Treibachse war aus drei Teilen zusammengeschmiedet.

Der Rahmen war in herkömmlicher Plattenbauweise vernietet und mehrfach versteift. Um Verschleiß und Brennstoffverbrauch durch niedrige Drehzahlen gering zu halten, behielt Karl Gölsdorf den schon bei den Vorgängertypen gewählten Treibraddurchmesser von 2.140 mm (bei neuen Radreifen) bei. Zur sicheren Führung der Lokomotive im Gleis wurde die vordere Laufachse mit der ersten Kuppelachse zu einem Krauss-Helmholtz-Gestell vereinigt. Eine einfache Adamsachse, wie sie bei der Reihe 110 verwendet wurde, hätte zwar Kosten gespart, jedoch nicht die für die höheren Geschwindigkeiten erforderliche sichere Führung und Laufgüte gewährleistet. Das in einem festen Drehzapfen geführte Lenkgestell bewirkte durch radialen Ausschlag der Laufachse von ± 28 mm und einen seitlichen Verschub der ersten Kuppelachse um 22 mm nach beiden Seiten. Das rückwärtige, in einem Innenrahmen geführte Schleppdrehgestell wurde mit einem Spiel von 52 mm zu beiden Seiten an einer Deichsel angelenkt. Für die vordere der beiden Schleppachsen ergab sich ein radialer Ausschlag von 17,5 mm nach links und rechts zuzüglich weiterer 20 mm innerhalb der Lagerschalen. Die rückwärtige Schleppachse hatte ein

Spiel von 46,5 mm zu beiden Seiten. Diese Fahrwerksanordnung ermöglichte die Beschränkung des festen Radstandes auf 4.400 mm, wobei die geführte Länge von 5.710 mm größer war als bei den zeitgenössischen Pacifics im Ausland. Um jedes Zwängen in engen Gleisbögen zu vermeiden, waren darüberhinaus die Spurkränze des Treibradsatzes um 9 mm geschwächt.

Die Grob- und Feinausrüstung der Lokomotive entsprach dem Standard der Zeit. Das Führerhaus mit dem eleganten Seitenausschnitt wurde allerdings schon damals als knapp empfunden. Eine mechanische Schmiereinrichtung wurde von der Schieberschubstange mitbewegt. Die Sandbehälter befanden sich innerhalb des Rahmens mit Fallrohr zur Treibachse. Die Vakuumbremse wirkte nur auf die Kuppelachsen.

Als Prototyp lieferte die Wiener Lokomotivfabrik Floridsdorf 1908 die 210.01 unter der Fabrik-Nummer 1.789 an die kkStB ab, die die Maschine sogleich einer eingehenden Betriebserprobung auf der Westbahn, der Kaiser-Franz-Josefs-Bahn und der Nordbahn unterzogen. Die Beförderung eines 406 t schweren Zuges mit Geschwindigkeiten von 85 bis 105 km/h wurde in Anbetracht der einschränkenden Konstruktionsvorgaben als zufriedenstellend und der Forderung entsprechen erachtet, so dass eine Bestellung von zehn Maschinen, je zur Hälfte an das Floridsdorfer Werk und an die Böhmisch-Mährische Maschinenfabrik in Prag-Lieben, vergeben wurde. Die Ablieferung erfolgte 1910. Während die 210.01 noch mit dem dreiachsigen Tender der Reihe 56 mit 16,75 m³ Wasserinhalt und 5 t Kohle gekuppelt war, wurde den Serienloks der neue Drehgestellten Reihe 86 mit 21 m³ Wasser und 8,21 t Kohle beigestellt, den Karl Gölsdorf fürlängere Durchläufe mit der Reihe 108 entworfen hatte.

Die technischen Daten

	Reihe 210	Reihe 310	Reihe 310.300
1. Baujahr	1908	1911	1918
Zylinderdurchmesser mm	390/660	390/660	390/660
Kolbenhub mm	720	720	720
Treibraddurchmesser mm	2.140	2.140	2.140
Laufraddurchmesser mm	1.034	1.034	1.034
Kesseldruck kp/cm²	15	15/16[1]	15
Rostfläche m²	4,62	4,62	4,11
Verdampfungsheizfläche m²	222,55[2]	212,90[2]	198,76[2]
Strahlungsheizfläche m²	15,1	15,1	16,4
Überhitzerheizfläche m²	-[3]	43,4	43,4
Fester Radstand mm	2.220	2.220	2.220
Gesamtradstand mm	10.540	10.540	10.540
Länge über Puffer mm	21.404	21.404	22.095
Dienstgewicht t	83,8	86,0	88,7
Reibungsgewicht t	43,8	44,1	49,6
Höchstgeschwindigkeit km/h	100	100	100
Tendervorräte			
Wasser m³	21,0	21,0	27,0
Kohle t	8,72	8,72	7,5

1 ab 310.29
2 wasserberührte Verdampfungsheizfläche
3 Dampftrockner 69,9 m²

3.3 Betriebseinsatz der Reihe 210 in Österreich bis 1918

Die Einsatzgebiete der Reihe 210 waren die Franz-Josefs-Bahn mit dem 351 km langen Durchlauf von Wien nach Prag, wofür dem Heizhaus Wien FJB sechs Maschinen zugeteilt worden waren, und die 1909 verstaatlichte Nordbahn, wo die restlichen fünf Lokomotiven vom Heizhaus Krakau in einem Langlauf von 415 km nach Wien Nord eingesetzt wurden. Nach dem Erscheinen der Heißdampf-Variante, der Reihe 310, verblieben nur eine 210 in Wien und zwei in Prag, während die anderen acht Maschinen nach Lemberg abgegeben wurden. Im Jahr 1914 waren vor Beginn des Ersten Weltkrieges die Loks auf folgende Heizhäuser verteilt:

Wien II (FJB):	210.05 (1)
Nusle (Prag):	210. 02, 06 (2)
Lemberg:	210, 01, 03, 04, 07, 08, 09, 10, 11 (8)

Das Haupteinsatzgebiet der Reihe 210 verlagerte sich fortan auf die galizische Hauptstrecke Krakau – Lemberg.

Die 310.24 in der Schrägansicht im Fotoanstrich. Der Messingring am Kamin markiert die Ausstattung mit einem Rauchverzehrer.
Foto: Zell, Slg. Schröpfer

Der Prototyp 210.01 (Floridsdorf 1.789/1908). Die Werksaufnahme im Fotografieranstrich bringt sowohl die kraftvoll-elegante Erscheinung als auch das filigrane Triebwerk der großrädrigen Maschine voll zur Geltung.

Foto: Slg. Töpelmann, Archiv transpress

Der Meister und sein Werk: Karl Gölsdorf (links, mit nach hinten geschobener »Melone«) vor der fabrikneuen 210.01 (noch mit dreiachsigem Tender) in Wien Nord.

Foto: Slg. Knipping

Rund um zufrieden mit dem Ergebnis der ersten Probefahrt mit der 210.01 stellt sich die Riege würdevoller Herren des Herstellerwerkes und der Staatsbahnen dem Fotografen vor der prächtigen Fassade des Wiener Nordbahnhofs im Jahr 1908. Der zweite von links ist der Schöpfer der Lok, Karl Gölsdorf. Die Lok ging im Ersten Weltkrieg verloren.

Foto: Slg. Töpelmann, Archiv transpress

Anlässlich der Feier des 70. Jubiläums der Kaiser-Ferdinands-Nordbahn (KFNB) im Jahr 1908 wurde die 210.01 als größte und neueste Lokomotivbauart der kkStB der Lokomotive »Ajax« (Turner & Evans 23/1841) der KFNB gegenüber gestellt, um den technischen Fortschritt zu veranschaulichen.

Foto: H. Fröhlich, Slg. Neudert

Werkfoto der 210.09 im Fotoanstrich: Die Lok wurde versuchsweise mit einer Ölzusatzfeuerung ausgerüstet und bereits mit dem typischen Gölsdorf´schen Drehgestelltender der Reihe 86 gekuppelt (BMMF 358/1910).

Foto: Zell, Slg. Schröpfer

Auf dem Werkfoto der 310.24 (StEG 3792/1911) ist im Vergleich zur Reihe 210 die verlängerte Rauchkammer mit Reglerzug sehr gut zu erkennen. Das Schild oberhalb der Betriebsnummer gibt die so genannte »Kriegskategorie« an, eine nur in Österreich-Ungarn angebrachte Kennung für die militärische Verwendbarkeit der Lok im Kriegsfall. Die römische Ziffer (III) gibt die Anzahl der angetriebenen Achsen an, die arabische Zahl (375) die Schlepplast in Tonnen auf einer Steigung von 10 Promille bei 17 km/h (entsprechend 25 km/h in der Ebene). Mit dem Buchstaben + Zahl im Nenner des Bruches (A 8) ist die Streckenzulassung unter Berücksichtigung von Achslast, Meterlast und Radstand verschlüsselt. Ob einfache Feldeisenbahner mit diesem Code klar kamen?

Foto: Werkaufnahme, Slg. Schröpfer

Indienststellung und Verbleib der Reihe 210

kkStB/BBÖ	Hersteller	Fabrik-Nr.	Baujahr	Verbleib 1918	DRB-Nr.	Bemerkungen
210.01	WLF	1.789	1908	-	-	Kriegsverlust
210.02	WLF	1.926	1910	PKP	-	
210.03	WLF	1.927	1910	PKP	16 051	11.11.48 an UdSSR
210.04	WLF	1.928	1910	PKP	16 054	
210.05	WLF	1.929	1910	PKP	-	
210.06	WLF	1.930	1910	PKP	16 055	
210.07	BMMF	356	1910	PKP	16 052	
210.08	BMMF	357	1910	PKP	-	1947 an PKP
210.09	BMMF	358	1910	PKP	16 056	
210.10	BMMF	359	1910	-	-	Kriegsverlust
210.11	BMMF	360	1910	PKP	16 053	

3.4 Der Heißdampf setzt sich durch

Da der Dampftrockner nicht befriedigte und der Schmidt-Überhitzer inzwischen technisch ausgereift war, entschloss man sich bei den kkStB, die 1´C2´-Bauart ab 1911 für Heißdampfbetrieb weiterzubeschaffen. Außer den notwendigen Änderungen am Kessel musste auch das Triebwerk überarbeitet werden.

Der Rohrspiegel sah nun 170 Siederohre und zur Aufnahme der Überhitzerelemente 24 Rauchrohre mit einem größeren Durchmesser vor. Der Abstand zwischen den Rohrwänden verkürzte sich auf 5.150 mm. Die Rauchkammer wurde zur Aufnahme des Überhitzersammelkastens entsprechend verlängert. Die konische Verjüngung des vorderen Kesselschusses ließ jedoch nur den Einbau eines verhältnismäßig kleinen Rauchrohr-Überhitzers zu, so dass einer wasserberührten Verdampfungsheizfläche von 212,9 m² nur 43 m² dampfberührte Überhitzerfläche gegenüber standen.

Um bei anfallenden Reparaturen nicht das Gussstück einer gesamten Antriebshälfte ausbauen

Die Böhmisch-Mährische Maschinenfabrik lieferte die 310.18 mit einer Ölzusatzfeuerung ab, wie man am Tank auf dem Tender erkennen kann. Die Werkaufnahme bringt die optischen Attribute der Maschine voll zum Tragen. Als Pn12-4 diente die Lok zwischen den Weltkriegen der PKP. 1944 wurde sie von der Deutschen Reichsbahn in 16 047 umgezeichnet.

Foto: Slg. Töpelmann, Archiv transpress

Die Lokomotive 310.88 im Fotografieranstrich auf dem Werkhof der Firma Breitfeld & Daněk in Schlan a.d.Moldau (SlanÝ) im Jahr 1916. In dem Bild kommt die eigenwillige Ästhetik dieser Maschine in besonderer Weise zur Geltung. Das Werk, das nur die letzten drei Exemplare der Reihe 310 hergestellt hat, ging 1928 im ČKD-Konzern auf. Werkaufnahmen dieses Unternehmens, das erst 1912 den Lokomotivbau begann, sind deshalb äußerst selten.

Foto: Slg. W. Tausche

oder ersetzen zu müssen, wurde die Zylinderbatterie dreigeteilt. Die beiden inneren HD-Zylinder bildeten als Gussstück den Rauchkammersattel. Je ein HD-Zylinder und deren gemeinsamer Rohrschieber waren als äußere Gussstücke zusammengefasst und mit dem Mittelteil verschraubt. Der HD-Schieber einer jeden Seite wurde geteilt und an beiden Enden des ND-Rohrschiebers mit integriertem Verbindungsteil angeordnet, womit Raum gespart und kürzere Dampfwege geschaffen wurden. Die Schieber beider Dampfstufen steuerten mit den Innenkanten. Die von Gölsdorf entwickelte Anfahrvorrichtung führte bei voll ausgelegter Steuerung den ND-Zylindern über ein auf 8,5 atü eingestelltes Drosselventil Frischdampf zu.

Die übrigen Baugruppen und die Ausrüstung der 310 wurden von der Reihe 210 übernommen. Die Heißdampf-Variante wurde von Anfang an mit dem Drehgestelltender Reihe 86 gekuppelt.

3.5 Einsatzgeschichte der Reihe 310 bei der kkStB

Federführendes Unternehmen bei der Lieferung der Maschinen der Reihe 310 war wieder die WLF, die 1911 eine Serie von elf Einheiten an die kkStB übergab. An der weiteren Herstellung waren auch die Lokomotivfabrik Wiener Neustadt, die Böhmisch-Mährische Maschinenfabrik in Prag-Lieben, die Maschinenfabrik der Staatseisenbahngesellschaft und die Maschinenfabrik Breitfeld & Danék in Schlan (Böhmen), die die drei letzten Lokomotiven baute, beteiligt. Bis 1916 übernahmen die kkStB insgesamt 90 Einheiten, die man als 310.01 bis 90 bezeichnete.

Die Lokomotiven der Reihe 310 sollten in der Lage sein, eine Zugmasse von 360 t auf ebener Strecke konstant mit 100 km/h zu befördern und mit 60 km/h über eine Steigung von zehn Promille zu bringen. Dazu wären eine Leistung von etwa 1.570 PS aufzubringen gewesen. Diese nicht übermäßig große Forderung vermochte die 310 jedoch nicht zu erfüllen. Im gesamten Steigungsbereich kam die Lok über 43 km/h nicht hinaus. Bei der leistungstechnischen Untersuchung durch Dr. Rudolf Sanzin, Professor an der Universität in Graz und Departementvorstand im Eisenbahnministerium, stellte sich ein überdurchschnittlicher Druckabfall heraus. Abhilfe schuf eine Verlängerung der Steuerkanten in den Schiebern mit einer Änderung der Voreilung. Außerdem erhielt die 310 widerstandsärmere Dampfkanäle und der Dampfdruck

Gölsdorfs 1´C2´-Bauart war die Alternativlösung zur weltweit bewährten Pacific-Bauart (2´C1´), hier in Gestalt der bayerischen S 3/6 (1. Baujahr 1908) in ihrer Ausführung vom Jahre 1924. Die abgebildete Lok 3709 (Maffei, Fabriknummer 5.558) in blauer Sonderlackierung mit Messingbändern war für die Eisenbahntechnische Ausstellung in Seddin bei Berlin im Jahre 1924 herausgeputzt. Auch Gölsdorf hätte seine dreifach gekuppelte Schnellzuglokomotive wohl lieber als Pacific entworfen, hätten dem nicht so einschneidende Hindernisse entgegen gestanden.

Foto: Werkaufnahme, Slg. Schröpfer

wurde von 15 auf 16 atü angehoben. Diese Verbesserungen kamen ab 1912 den Lokomotiven ab der 310.29 zu Gute, die dann ihr volles Leistungssoll erbrachten. Im Steigungsbereich von zehn Promille konnten die Maschinen in der verbesserten Ausführung 410 t mit 55 km/h befördern, wobei die Leistung bis auf 1.800 PS anstieg.

Bei der äußeren Gestaltung der Reihen 210/310 ließ Gölsdorf auch ästhetische Gesichtspunkte gebührend zum Tragen kommen. Alle Baugruppen erscheinen harmonisch aufeinander abgestimmt und lassen große Sorgfalt im Detail erkennen. Dies zeigt sich vor allem in dem von querverlaufenden Leitungen frei gehaltene Kessel, dessen glatte Scheitellinie nur von einem einzigen wohlproportionierten, mit einem schmalen Messingring verzierten Dampfdom unterbrochen wurde. Der stufenlose Übergang zum Führerhaus betonte die elegante Linienführung der Gesamtkonstruktion. Die auf der rechten Seite vom Lokführer zu bedienenden Hebelzüge für den Regler, das verstellbare Blasrohr, die Zylinderhähne und der Sandstreuer waren genau in der Kesselmitte angelegt. Der stets gute Pflegezustand der schwarz lackierten Maschinen mit blank gehaltenen Rauchkammerscharnieren, Puffertellern und ebensolchen Antriebs- und Steuerungsgestängen taten ein Übriges.

Im Juni 1914 waren die bis dahin gelieferten 65 Loks auf folgende Heizhäuser verteilt:

Wien Nord:	310. 06, 07, 08, 09, 10, 11, 12, 13, 14, 19, 20, 21, 22, 23, 24, 25, 26, 27,28, 54, 56 (21)
Wien I (West):	310. 29, 36, 37, 43, 44, 47, 48, 49, 50, 51, 53, 55, 57, 58, 59, 60 (16)
Wien II (FJB):	310.30, 31, 32, 38, 42, 64 (6)
Nusle (Prag):	310.15, 34, 35, 52, 63 (5)
Budweis I:	310.39, 40, 41, 45, 46, 66 (6)
Lemberg:	310.16, 62 (2)
Rzeszow:	310.01, 02, 03, 04, 05, 17, 18, 61, 65 (9)

Änderungen in den Beständen unterlagen während des Ersten Weltkrieges der Geheimhaltung.

Mit der Reihe 310 konnten die Fahrzeiten auch mit den schwerer gewordenen Zügen, insbesondere auf der 351 km langen Strecke Wien – Prag spürbar verkürzt werden. Eine Fahrt von Wien nach Prag dauerte nun einschließlich aller Zwischenhalte nur noch 5 Stunden und 25 Minuten, was eine Rückkehr noch am gleichen Tag ermöglichte.

Auch die beliebten Bäderschnellzüge nach Marienbad und Karlsbad konnten auf den Bespannungsabschnitten Wien – Budweis und Pilsen – Eger trotz der schwierigen topografischen Verhältnisse um 30 Minuten beschleunigt werden. Auf der Nordbahn konnten die Reisezeiten sogar um bis zu 50 Minuten gekürzt werden. Auf der Westbahn ermöglichte der Einsatz der Reihe 310 die gemeinsame Führung des Ostende- und des Orient-Express zwischen Wien und Wels. Insgesamt bedeutete die Indienststellung der Lokomotiven der Reihe 310 einen großen Fortschritt für die Zugförderung der kkStB, doch stießen auch die eleganten 1´C2´-Maschinen bald an die Grenzen ihres Leistungsvermögens.

»Freie Fahrt« zeigt der Semaphor für den überwiegend aus Dreiachsern gebildeten Schnellzug, den die 310.06 vom Heizhaus Wien Nord auf der Nordbahnstrecke führt. Die Lok ist noch mit einer Vakuumbremse ausgestattet. Das vordere Nummernschild wurde bei den kkStB an der Pufferbohle angebracht. *Foto: Slg. Wunschel*

Indienststellung und Verbleib der Reihe 310

kkStB/BBÖ	Hersteller	Fabrik-Nr.	Baujahr	Verbleib 1918	DRB-Nr.	Bemerkungen
310.01	WLF	1.989	1911	PKP	16 045	
310.02	WLF	1.990	1911	ČSD	-	
310.03	WLF	1.991	1911	PKP	-	+ 15.11.1947
310.04	WLF	1.992	1911	ČSD	-	
310.05	WLF	1.993	1911	BBÖ	16 001	+ 04.04.1954
310.06	WLF	1.994	1911	BBÖ	16 002	+ 01.08.1952
310.07	WLF	1.995	1911	ČSD	-	
310.08	Wr. Neustadt	5.055	1911	ČSD	-	
310.09	Wr. Neustadt	5.056	1911	ČSD	-	
310.10	Wr. Neustadt	5.057	1911	BBÖ	16 003	+ 04.04.1954
310.11	Wr. Neustadt	5.058	1911	ČSD		
310.12	Wr. Neustadt	5.059	1911	BBÖ	16 004	ÖBB 16.04, + 20.05.1957
310.13	Wr. Neustadt	5.060	1911	BBÖ	-	+ 1937
310.14	Wr. Neustadt	5.061	1911	BBÖ	-	+ 1937
310.15	BMMF	390	1911	ČSD	-	Schaustück im Technischen Nationalmuseum Prag
310.16	BMMF	391	1911	BBÖ	16 005	ÖBB 16.05, + 20.05.1957
310.17	BMMF	392	1911	PKP	-	
310.18	BMMF	393	1911	PKP	16 047	
310.19	BMMF	394	1911	BBÖ	-	+ 1937
310.20	BMMF	395	1911	BBÖ	16 006	+ 04.04.1954
310.21	BMMF	396	1911	BBÖ	16 007	+ 01.08.1952
310.22	StEG	3.790	1911	ČSD	-	
310.23	StEG	3.791	1911	BBÖ	16 008	ÖBB 26.08, Traditionslok, Technisches Museum Wien
310.24	StEG	3.792	1911	BBÖ	16 009	+ 01.08.1952
310.25	StEG	3.793	1911	ČSD	-	
310.26	StEG	3.794	1911	BBÖ	16 010	+ 01.08.1952
310.27	StEG	3.795	1911	PKP	16 048	11.11.1948 an PKP
310.28	StEG	3.796	1911	ČSD	-	
310.29	Wr. Neustadt	5.103	1912	ČSD	-	
310.30	Wr. Neustadt	5.104	1912	BBÖ	16 011	
310.31	Wr. Neustadt	5.105	1912	BBÖ	16 012	+ 01.08.1952

310.32	Wr. Neustadt	5.106	1912	BBÖ		16 013	+ 19.02.1945
310.33	Wr. Neustadt	5.107	1912	ČSD		-	
310.34	Wr. Neustadt	5.108	1912	ČSD		-	
310.35	Wr. Neustadt	5.109	1912	ČSD		-	
310.36	Wr. Neustadt	5.110	1912	ČSD		-	
310.37	Wr. Neustadt	5.111	1912	ČSD		-	
310.38	StEG	3.831	1912	BBÖ		16 014	+ 01.12.1947
310.39	StEG	3.832	1912	ČSD		-	
310.40	StEG	3.833	1912	ČSD		-	
310.41	StEG	3.834	1912	ČSD		-	
310.42	StEG	3.835	1912	BBÖ		16 015	+ 24.04.1954
310.43	StEG	3.836	1912	ČSD		-	
310.44	StEG	3.837	1912	ČSD		-	
310.45	StEG	3.838	1912	ČSD		-	
310.46	StEG	3.839	1912	ČSD		-	
310.47	WLF	2.053	1912	ČSD		-	
310.48	WLF	2.054	1912	ČSD		-	
310.49	WLF	2.055	1912	ČSD		-	
310.50	WLF	2.056	1912	BBÖ		16 017	+ 01.08.1952
310.51	StEG	3.876	1913	BBÖ		16 018	
310.52	StEG	3.877	1913	ČSD		-	
310.53	StEG	3.878	1913	BBÖ		16 019	+ 01.08.1952
310.54	StEG	3.879	1913	BBÖ		16 020	ÖBB 16.20, + 25.10.1956
310.55	StEG	3.880	1913	BBÖ		16 021	+ 01.08.1952
310.56	WLF	2.164	1914	BBÖ		16 022	+ 01.08.1952
310.57	WLF	2.165	1914	BBÖ		16 023	
310.58	WLF	2.166	1914	BBÖ		16 024	+ 01.08.1952
310.59	WLF	2.167	1914	BBÖ		16 025	
310.60	WLF	2.168	1914	ČSD		-	
310.61	StEG	3.948	1914	PKP		16 049	
310.62	StEG	3.949	1914	BBÖ		16 026	+ 15.12.1950
310.63	BMMF	494	1914	ČSD		-	
310.64	BMMF	495	1914	BBÖ		16 027	+ 01.08.1952
310.65	BMMF	496	1914	PKP		16 050	
310.66	BMMF	497	1914	ČSD		-	
310.67	WLF	2.208	1914	BBÖ		16 028	+ 01.08.1952
310.68	WLF	2.209	1914	BBÖ		16 029	+ 01.08.1952
310.69	WLF	2.210	1914	BBÖ		16 030	+ 01.08.1952
310.70	WLF	2.211	1914	BBÖ		16 031	+ 11.09.1947
310.71	WLF	2.212	1914	BBÖ		16 032	+ 01.08.1952
310.72	WLF	2.213	1914	BBÖ		16 033	+ 25.01.1948
310.73	StEG	3.990	1914	ČSD		-	
310.74	StEG	3.991	1914	ČSD		-	
310.75	StEG	3.992	1914	ČSD		-	
310.76	StEG	3.993	1914	PKP		16 061	14.11.1948 an PKP
310.77	StEG	3.994	1914	PKP	16 062	Kessel als stationäre Anlage genutzt	
310.78	StEG	3.995	1914	PKP	16 063	15.11.1948 an UdSSR	
310.79	StEG	4.029	1915	BBÖ	16 034	+ 01.08.1952	
310.80	StEG	4.030	1915	PKP	16 041	14.11.1948 an UdSSR	
310.81	StEG	4.031	1915	PKP	16 064	23.11.1948 an UdSSR	
310.82	Wr.Neustadt	5.267	1915	ČSD	-		
310.83	Wr.Neustadt	5.268	1915	ČSD	-		
310.84	Wr.Neustadt	5.269	1915	BBÖ	16 035	ÖBB 16.35, + 25.10.19xx	
310.85	BMMF	550	1915	ČSD	-		
310.86	BMMF	551	1915	BBÖ	16 036	+ 01.08.1952	
310.87	BMMF	552	1915	BBÖ	16 037	+ 01.10.1947	
310.88	B & D	70	1915	BBÖ	16 038		
310.89	B & D	71	1915	BBÖ	16 039	+ 01.08.1952	
310.90	B & D	72	1915	BBÖ	16 040	+ 01.08.1952	

4. Die Reihe 310.300

4.1 Brotan-Kessel statt Kupferfeuerbüchse

Als 1915 die Vergabe eines weiteren Bauloses für die Reihe 310 anstand, musste auf eine andere Bauart der Feuerbüchse ausgewichen werden, da Kupfer bedingt durch den Ersten Weltkrieg zu den Mangelrohstoffen in Österreich gehörte. Da die Technik von der geschweißten Stahlfeuerbüchse noch weit entfernt war, stand nur eine wenig haltbare flusseiserne Feuerbüchse oder der Brotan-Kessel zur Wahl. Die kkStB entschieden sich für den Brotan-Kessel, da dieser schon bei den Reihen 4 und 174 erprobt und zudem in Ungarn verbreitet zur Anwendung gekommen war.

Bei der nach dem aus Klattau in Böhmen stammenden Erfinder Johann Brotan (1843 – 1923) benannten Kesselbauform waren die Seitenwände der Feuerbüchse aus aneinander gereihten nahtlosen Wasserumlaufrohren aus Flusseisen gebildet, die unten in einem röhrenförmigen Bodenring verankert waren und oben in einen zylindrischen

Aus kriegsbedingtem Kupfermangel wurde das letzte Baulos mit einer Brotan-Wasserrohrfeuerbüchse ausgestattet und als Reihe 310.300 bezeichnet. Die höheren Dome beeinträchtigen das elegante Gesamtbild der Maschine. Die 1918 von Floridsdorf (Fabriknummer 2.530) gefertigte 310.304 ging ab Werk an die PKP und wurde als Pn12-17 eingereiht. 1944 wurde sie zur 16 067 der Deutschen Reichsbahn und 1948 von Straßhof aus in die UdSSR abtransportiert.

Foto: Slg. Schröpfer

Dampfsammelbehälter mündeten. Zwei Verbindungsrohre stellten den Anschluss an den Langkessel her. Das rückwärtige Ende bildete ein hohler Stahlgusskörper. Die Vorderseite und die beiden Seitenwände waren mit Schamott-Steinen und feuerfester Masse gegen Hitzeeinwirkung ausgekleidet. Der Vorteil dieser Bauart lag außer im Ersatz von Kupfer im Wegfall der bruchgefährdeten Stehbolzen. Dem standen jedoch eine teure Unterhaltung und die Schwierigkeit des Dichthaltens der aneinander gereihten Wasserumlaufrohre gegenüber. Insbesondere traten häufig Risse an den Verbindungsstellen zu den oberen Dampfsammelkästen auf. Die Brotan-Feuerbüchse bedingte auch einen neuen Rohrspiegel mit einer verminderten Anzahl von Siederohren von 170 auf 152 mit einer entsprechenden Verkleinerung der Heizfläche. Der vordere und der mittlere Kesselschuss waren zylindrisch, der rückwärtige konisch ausgebildet. Ein domförmiger Speisewasserreiniger der Bauart Pogany diente der Schonung der Rohre und der Verlängerung der Auswaschintervalle. Der Dampfdom wurde ihm in der Höhe angepasst und die Sicherheitsventile erhielten ihren Platz dahinter. Daneben wurde auch das Führerhausdach über die Tenderbrücke verlängert.

Durch diese Veränderungen hob sich die Lokomotive schon äußerlich von ihren Vorgängerinnen ab – allerdings nicht unbedingt zu ihrem Vorteil. Das Dienstgewicht stieg von 86 auf 88,7 t und damit die Radsatzfahrmasse von 14,5 auf 15,4 t. Bezeichnet wurde die neue Bauform als Reihe 310.300[1]. Der Maschine wurde auch ein neuer Tender, Reihe 88, mit größerem Fassungsvermögen beigegeben, dessen nicht minder auffallendes Merkmal die Drehgestellrahmen mit inneren Achslagern waren.

Die 310.306 (Floridsdorf 2.532/1918) ging an die Preußische Staatsbahn, die sie als S 11 1306 Berlin bezeichnete und im Langlauf Berlin-Kattowitz einsetzte. 1921 übernahm die PKP die Maschine als Pn12-19. Als 16 068 wurde sie als Heizanlage an das Marinedepot Farge bei Bremen überstellt, von wo sie nicht zurückkehrte. Die Lok ist mit dem neuen Tender der Reihe 88 mit Innenrahmen-Drehgestellen gekuppelt.

Foto: Hubert, Slg. Töpelmann, Archiv transpress

1 Mit der Indexzahl 300 wurden nach dem Reihenschema der kkStB Lokomotiven mit Brotan-Kessel bezeichnet.

Die 310.307 (Floridsdorf 2.533/1918) wurde ab Werk von der Polnischen Staatsbahn übernommen und als Pn12-20 in Betrieb genommen. Die Aufnahme entstand etwa 1935.

Foto: Slg. Neudert

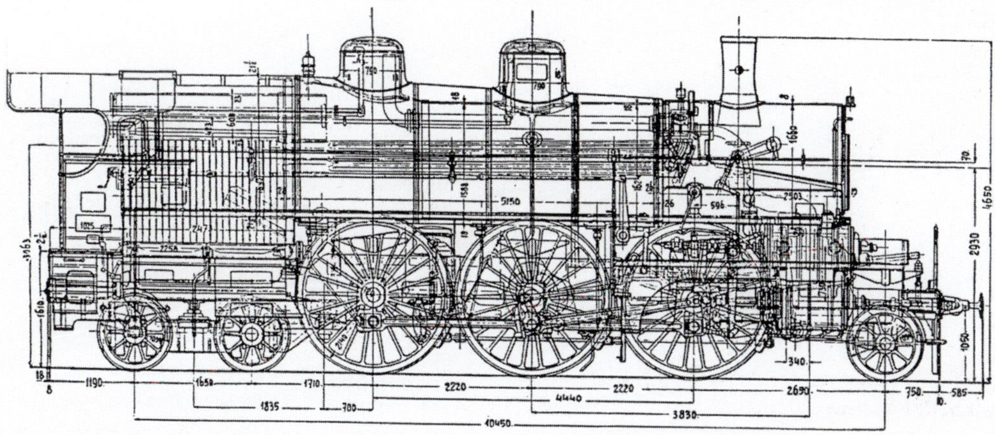

Seitenansicht der Reihe 310.300

Zeichnung: Slg. Schröpfer

Außerdem wies der Tender nicht mehr die zur Gewichtsverminderung stufenförmig ausgebildeten Seitenwände auf, wie sie die Tender der Reihe 86 hatten. Der 30 m³ große Wasserkasten des Tenders der Reihe 88 gestattete Durchläufe von 200 km ohne Ergänzung des Wasservorrats. Zur Einhaltung der Achslastgrenze war die Füllung des Tenders zunächst auf 27 m³ begrenzt.

Obwohl die kkStB die Lokomotiven mit Brotan-Kessel bereits 1915 in Auftrag gegeben hatten, erfolgte deren Ablieferung erst im Herbst 1918, als die österreich-ungarische Monarchie am Ende des Ersten Weltkrieges kurz vor ihrem Ende stand. Mit dem Zerfall des Vielvölkerstaates im Oktober/November 1918 endete auch die einst glorreiche Zeit der kkStB. Durch den Wegfall der wichtigsten Einsatzstrecken nördlich von Wien – die Reihe 310.300 war ursprünglich für die Direktion Brünn bestimmt gewesen – bestand kein Bedarf mehr für diese Maschinen. Während die Abnahme der 310.300 bis 310.306 noch durch die kaiserlich-königliche Verwaltung erfolgte, fiel die Indienststellung für die 310.307 bis 310.309 bereits in die Zuständigkeit der neu geschaffenen Deutschösterreichischen Staatsbahnen (DÖStB), wie sich die Bahnverwaltung des zur Republik gewandelten österreichischen Reststaates nannte. Da die zehn Maschinen der Reihe 310.300 nicht in die Verteilungsliste der alliierten Reparationskommission aufgenommen wurden, konnten sie von der Floridsdorfer Lokomotivfabrik zum Verkauf ausgeschrieben werden.

4.2 Emigration

Die Preußische Staatsbahnverwaltung als Nachfolgerin der Königlich preußischen Eisenbahn-Verwaltung (KPEV)[2] zeigte Interesse an der Reihe 310.300 und erwarb 1919 von der WLF zur Auffrischung ihres im Ersten Weltkrieg heruntergewirtschafteten und durch die Bestimmungen des Waffenstillstandes vom Compiegne deutlich reduzierten Lokomotivparks die 310.300, 301, 302, 303, 305, 306 und 309 und reihte sie – regelwidrig – als S11 1301 bis 1307 der Direktion Breslau ein. Zuvor hatten die Maschinen aber entsprechend den betrieblichen Bedingungen bei der Preußischen Staatsbahn eine Druckluftbremse und einen kürzeren Kamin erhalten, damit sie dem preußischen Lademaß entsprachen. Warum die Preußische Staatsbahn den Maschinen eine für Nassdampflokomotiven vorgesehene ungerade Gattungs-Nummer zuwies, ist heute nicht mehr nachvollziehbar. Möglicherweise wollte man eine Verwechslung mit der S 12 der Reichseisenbahnen Elsass-Lothringen vermeiden, die Nummer »12« aber auch nicht überspringen.

Eingesetzt wurden die Maschinen der nunmehrigen Gattung S11 in einem 529 km langen Durchlauf zwischen Berlin Schlesischer Bahnhof und Kattowitz, der Hauptstadt von Oberschlesien. Für die Lok- und Werkstattpersonale blieben die Maschinen mit ihren für preußische Verhältnisse völlig ungewöhnlichen Konstruktionsmerkmalen ungeliebte Fremdlinge. Noch bevor entgegen dem Ergebnis der Volksabstimmung 1921 unter dem Mandat des Völkerbundes der östliche Teil Oberschlesiens an Polen abgetreten wurde, hatte die Preußische Staatsbahnverwaltung die sieben Lokomotiven der Direktion Kattowitz zugeteilt, mit der sie dann der Polnischen Staatsbahn (PKP) zufielen.

Die PKP hatte bereits ihrerseits die drei in Österreich verbliebenen Brotan-Loks 310.304, 307 und 308 erworben. Nun verfügte die PKP über den gesamten Bestand der Reihe 310.300. Die Maschinen waren innerhalb der Direktion Krakau den Heizhäusern Krakau, Rzeszow und Lwów (Lemberg) zugeteilt. Gemeinsam mit den Maschinen der ehemaligen österreichischen Reihen 210 (PKP: Pn 11-1 bis 11) und 310 (PKP: Pn12-1 bis 12) waren sie auf der angestammten galizischen Hauptstrecke sowie zeitweise auf den Strecken von Krakau nach Kattowitz und Warschau im Einsatz. Das Schicksal hatte es später gewollt, dass die in preußischen Diensten gestandenen ehemaligen S11 nach der Besetzung Polens im Herbst 1939 noch einmal in deutsche Hände gelangten.

2 Beim Ministerium für öffentliche Arbeiten

5. Prestigeverlust in der Heimat

In der zweiten Hälfte des Jahres 1918 zeichnete sich die militärische Niederlage der Mittelmächte immer deutlicher ab. Das Vordringen der italienischen Truppen über den Piave und die Auflösung der k.u.k Armee nach der verlorenen Schlacht von Vittorio Veneto am 29. Oktober 1918 bedeutete das Ende der ohnehin geschwächten Donaumonarchie. Jahrzehntelang unterdrückte ethnische Konflikte sprengten den Vielvölkerstaat zusätzlich von innen heraus. Kaiser Karl I., der 1916 nach dem Tod Franz Josefs I den Thron bestiegen hatte, war es nicht gelungen, die Völker Österreich-Ungarns noch einmal unter Habsburgs Krone zu einen sowie Reich und Dynastie zu erhalten. Sein Manifest vom 16. Oktober 1918, das die Umwandlung des autoritär verwalteten Reiches in einen förde-

Als Paradeleistungen verblieben den Maschinen der Reihe 310 auch in den 30er-Jahren die leichten Luxuszüge der CIWL. Unter einer dunklen Qualmwolke durcheilt die 310.10 mit dem L 111 Orient-Express den Bahnhof Purkersdorf im Jahr 1934.
Foto: Slg. Knipping

Die 310.16 in Wartestellung vor dem Rustensteg im Bahnhof Wien West; bemerkenswert sind die auf den Umlauf versetzten Laternen. Als 16.05 der ÖBB war sie als eine der Letzten ihrer Gattung bis 1952 im Einsatz bei derZfl Villach. Ihre Ausmusterung erfolgte 1957.
Foto: Slg. Töpelmann, Archiv transpress

rativen Bundesstaat freier Völker verkündete, kam zu spät und blieb ohne Resonanz. Die ungarischen und slawischen Regimenter hatten sich bereits von der Front abgesetzt. Mit der Ausrufung selbstständiger Staaten auf dem Territorium der Monarchie und der Abdankung des österreichischen Kaisers am 11. November 1918 hatte der Staat Österreich-Ungarn aufgehört zu bestehen. Bereits einen Tag später wurde in Wien die Deutschösterreichische Republik ausgerufen. Der Friedensvertrag von St. Germain vom 10. September 1919 beließ Österreich, das weniger als ein Drittel seines früheren Staatsgebietes mit knapp 84.000 km² und rund 7,5 Millionen Einwohner umfasste, bezogen auf die beiden früheren Reichshälften nur noch ein Achtel der Fläche, die mit ihren etwa 51 Millionen Einwohnern unter sieben Staaten aufgeteilt wurde. Wie das untergegangene Habsburgerreich waren auch diese Staaten zumeist wieder multinationale Gebilde, die neuen ethnischen Sprengstoff in sich trugen.

Die staatliche Neuordnung Mitteleuropas nach dem Ersten Weltkrieg führte natürlich auch zu tiefgreifenden Veränderungen in den staatlichen Eisenbahnsystemen. Von dem einst 23.006 km umfassenden Eisenbahnnetz der österreichischen Reichshälfte waren der Republik Österreich nur rund 5.700 km verblieben. Die nördlichen und östlichen Hauptstrecken mit ihrem starken Personen- und Güterverkehr und den gut ausgebauten Anlagen endeten fortan an den neu errichteten Staatsgrenzen. Das einstige Zentrum Wien befand sich nun an der östlichen Peripherie und bildete einen überdimensionierten Wasserkopf. Der Hauptverkehrsstrom hatte sich von der Nord-Süd- auf die Ost-West-Richtung verlagert. Dadurch wurde die Westbahnstrecke zur neuen Magistrale Österreichs. Die Gleise und Bahnanlagen waren hoffnungslos heruntergewirtschaftet, Diebstähle an Bahneigentum und Transportgut durch die hungernde Bevölkerung nahmen überhand und leere Wagen, ja oft ganze Züge kehrten aus dem Ausland nicht wieder zurück. Rund 84 % der benötigten Kohle musste für ohnehin knappe Devisen importiert werden und Hunderte durch die langjährigen Entbehrungen geschwächte Menschen fielen in Wien einer Grippe-Epidemie zum Opfer. Der österreichische Reststaat hielt sich selbst nicht für lebensfähig und strebte durch einen Parlamentsbeschluss vom 12. November 1919 die Vereinigung mit Deutschland an, was die Siegermächte allerdings verboten. Erst mit der Stabilisierung des Geldwesens und mit Hilfe ausländischer Unterstützung gelang es, die katastrophalen Zustände in Österreich allmählich zu überwinden.

Auf Beschluss des Rates der Alliierten und Assoziierten Mächte in Paris vom 14. Oktober 1919 wurde eine Expertenkommission zur Aufteilung des Fahrzeugparkes der untergegangenen österreichisch-ungarischen Monarchie eingesetzt. Die endgültige Organisation dieser Kommission bestimmte am 16. Mai 1923 die so genannte Pariser Botschafterkonferenz. Die 7.292 Lokomotiven, die am 3. November 1918, dem Tag des Waffenstillstandes von Padua, zum Bestand der kkStb gehörten, wurden unter sechs Staaten aufgeteilt:

Österreich	2.017	Lokomotiven
Tschechoslowakei	2.960	Lokomotiven
Südslawien	199	Lokomotiven
Polen	1.426	Lokomotiven
Italien	472	Lokomotiven
Rumänien	141	Lokomotiven

In der Nacht sind alle Katzen schwarz, nicht aber die im Rampenlicht auf ihren Einsatz wartende Parade-Lok 310.10 beim Heizhaus Wien West.

Foto: Zell, Slg. Neudert

Aus ihrer eigenen Rauchwolke tritt eine unbekannte 310 mit einem internationalen Expresszug in das Blickfeld des Fotografen vor dem prachtvollen Panorama des Wiener Waldes.
Foto: Slg. Knipping

Insgesamt 77 Maschinen waren als Kriegsverluste abzuschreiben. Davon unberührt blieb die Rückführung von 47 angeblich aus dem italienischen Besatzungsgebiet abgezogenen Maschinen und die weitere Zuweisung von 140 Lokomotiven an Italien, 16 an Rumänien und drei an Polen auf Beschluss einer Wirtschaftskonferenz in Potorose (heute Portorož in Slowenien) im November 1921. Vor diesem Hintergrund vollzog sich das weitere Schicksal der Reihe 310.

Von den einstmals 90 Maschinen verblieben lediglich 43 Lokomotiven bei den Deutschösterreichischen Staatsbahnen (DÖStB)[1], 35 erhielten die Tschechoslowakischen Staatsbahnen (ČSD) und zwölf übernahm die Polnische Staatsbahn mit allen noch in Österreich verbliebenen Maschinen der Reihe 210.

Verfolgen wir nun den weiteren Lebensweg der

1 Die staatliche Eisenbahnverwaltung in Österreich wechselte mehrmals ihren Namen. Die am 12. November 1918 ins Leben gerufenen Deutschösterreichischen Staatsbahnen mussten auf Veranlassung der Siegermächte auf das Attribut »deutsch« verzichten und nannten sich ab dem 21. Oktober 1919 »Österreichische Staatseisenbahnen«, die durch das Bundesgesetz vom 19. Juli 1923 in einen selbstständig agierenden Wirtschaftskörper mit Namen »Österreichische Bundesbahnen« (BBÖ) umgewandelt wurden. Die Abkürzung »BBÖ« beruhte darauf, dass die naheliegende Bezeichnung »ÖBB« bereits als »OeBB« von der Oensingen-Balstalbahn in der Schweiz verwendet wurde. Erst als diese Bahn nach dem Zweiten Weltkrieg keinen netzüberschreitenden Güterverkehr betrieb, konnten sich die Österreichischen Bundesbahnen das Kürzel »ÖBB« zulegen.

Reihe 310 in ihrem Ursprungsland. Trotz der wirtschaftlichen Notlage nach den entbehrungsreichen Jahren des Ersten Weltkrieges entwickelte sich dank relativ niedriger Bahntarife bald wieder ein reger Reiseverkehr mit einer das Vorkriegsniveau übersteigenden Zugdichte. Der für den Fernverkehr verfügbare Lokomotivpark erwies sich jedoch leistungsmäßig als unzureichend und für die überwiegend steigungsreichen Strecken als wenig geeignet. Die in größerer Zahl vorhandenen Zweikuppler der Reihen 6 bis 306 (alles 2´B-Maschinen), der 2´B1´-Type der Reihe 108 und der von der Kaiser-Ferdinands-Nordbahn übernommenen Maschinen der Reihe 308 (2´B1´) stießen mit ihrer geringen Reibungsmasse von maximal 29 t auf den steigungsreichen Abschnitten der Westbahn schon mit Zügen von 260 t Gewicht an ihre Belastungsgrenze und konnten nur zu Vorspanndiensten verwendet werden. Selbst auf den günstiger trassierten Abschnitten konnten die Personale mit den Maschinen, die noch Nassdampfkessel besaßen, keine ausreichende Geschwindigkeit erreichen. Den nur mit einer führenden Adamsachse ausgestatteten kleinrädrigen Dreikupplern mangelte es wiederum an befriedigenden Laufeigenschaften. Außerdem waren sie im Bergdienst westlich von Salzburg und auf der Tauernbahn sowie im schweren Fernpersonenzugdienst unverzichtbar. Mit den auf 450 t Gewicht angewachsenen Schnellzügen waren aber auch die Lokomotiven der Reihe 310, die einzigen für 100 km/h zugelassenen Heißdampfdreikuppler, schon deutlich überfordert und brachten solche Züge mit kaum mehr als 40 km/h über die Steigungsabschnitte.

Die steigende Tendenz im Reiseverkehr ließ auf der Westbahn Zuggewichte von 600 t erwarten, zu

An Wiener Vorortzügen vorbei braust die 310.16 mit doppelter Laternenbestückung vor dem D 133 Wien–Paris dem nächsten Halt entgegen.

Foto: Kreutzer, Slg. Wunschel

deren Beförderung nun Lokomotiven mit vier Kuppelachsen und einem Reibungsgewicht von mindestens 60 t erforderlich waren. Die Anforderungen erfüllten die 2´Dh2-Maschinen der Reihe 113, die ab 1923 in Dienst gestellt wurden. Mit der Lieferung der großen 1´D2´h2-Lokomotiven der Reihen 114/214 ab 1928 erreichte die Entwicklung der Dampflokomotive in Österreich einen letzten Höhepunkt. Das Projekt Johann Rihoseks, der 1916 das Amt Karl Gölsdorfs übernommen hatte, eine verstärkte 1´C2´-Type als Reihe 410 einzuführen hatte unter diesen Umständen keine Chance.

Nach der Konsolidierung des Bahnbetriebes in Österreich war die Reihe 310 jedoch das Topangebot für die Schnellzugtraktion. Die Maschinen behielten ihre angestammten Reihen- und Betriebsnummern mit dem kleinen Unterschied, dass der im Nummernschild integrierte Schriftzug »kk österreichische Staatsbahnen« samt der so genannten Kriegskategorie-Tafel, die Hinweise für die Verwendbarkeit der Lokomotive für die militärische Logistik enthielt, entfielen. Ab 1925 dokumentierte ein schlichtes Eigentumsschild mit der Aufschrift »B. B. Österreich« die veränderten Besitzverhältnisse. Außerdem wurde das Front-Nummernschild von der Pufferbohle an den oberen Rand der Rauchkammer versetzt.

Längere Durchläufe waren in Österreich nur noch auf der Westbahn möglich, doch war diese mit ihren ungünstigen Neigungsverhältnissen für die großrädrigen Flachlandlokomotiven ein denkbar ungeeignetes Terrain. Mit dem Erscheinen der 2´D-Maschinen der Reihe 113 im Jahr 1923 begann der Stern der Gölsdorf´schen Reihe 310 allmählich zu sinken. In den 1930er-Jahren blieb den Lokomotiven an hochwertigen Leistungen nur noch der Arl-

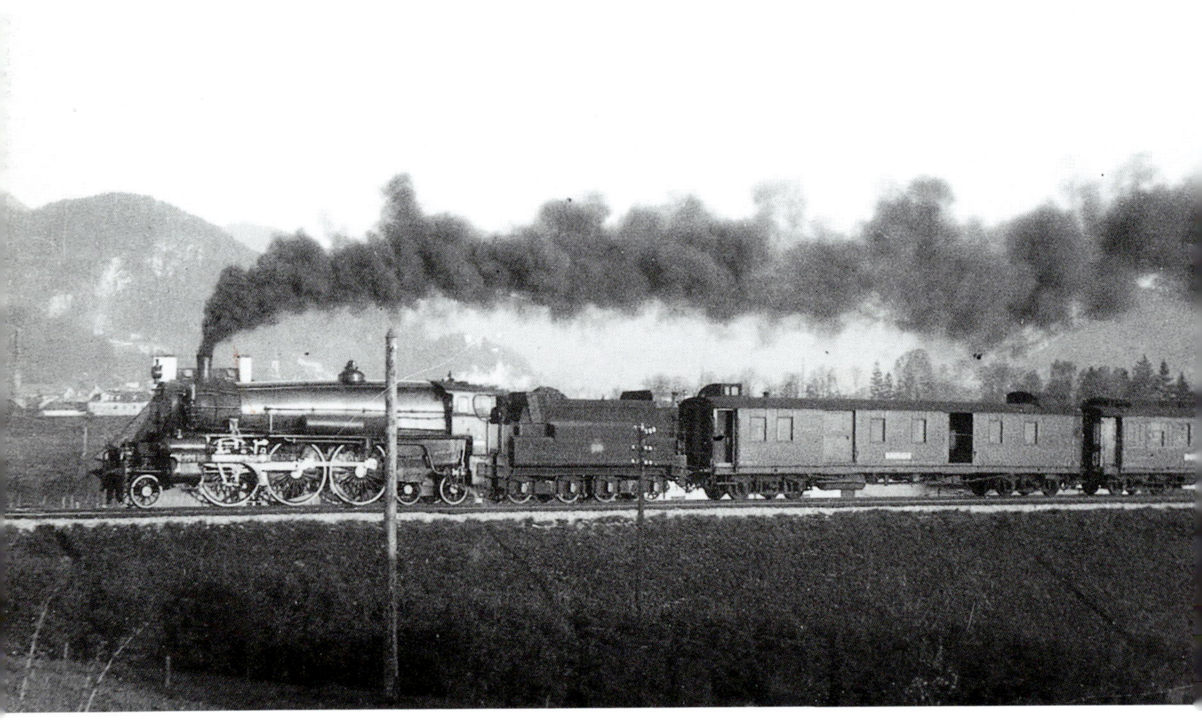

Mit geöffnetem Regler nimmt eine wie immer auf Hochglanz gebrachte 310er mit einem Luxuszug der CIWL im Schlepp die Steigung bei Ederbauer im Salzburger Land.

Foto: Angerer, Slg. Neudert

Eine gelungene Symbiose von Eisenbahn und Natur vermittelt dieses Foto einer 310er bei Maria Asbach im Wiener Wald. Im Hintergrund ist die Burg Neulengbach zu sehen.
Foto: Zell, Slg. Neudert

berg-Express (L 129/130) zwischen den Bahnhöfen Wien West und Salzburg und Aushilfsdienste im Schnellzugverkehr. Ansonsten kam die Reihe 310 im Fernpersonenzugdienst zum Einsatz, für den sie aber wenig geeignet war. Die in diesen Diensten zu niedrigen Triebwerksdrehzahlen und die durch das Verbundtriebwerk halbierte Zahl der Auspuffschläge bewirkten eine schlechte Feueranfachung, so dass viel Energie buchstäblich in Rauch aufging. Auch das häufige Anfahren machte den großrädrigen Maschinen zu schaffen. Man versuchte einige 310er auf dem verbliebenen Teil der Frans-Josefs-Bahn (Wien-Gmünd/České Velenice) und auf der Südbahn zwischen Wien Südbahnhof und Reichenau sowie auf der Strecke Mürzzuschlag und Graz bzw. St. Michael – ebenfalls im Personenzugdienst – vorteilhafter zu beschäftigen.

In der Zeit von 1928 bis zum Untergang der ersten österreichischen Republik war der Reiseverkehr um die Hälfte geschrumpft. Tausende von Eisenbahnern verloren ihren Arbeitsplatz und schlecht unterhaltene Strecken zeugten von einer erneuten Talfahrt der Volkswirtschaft als Folge der durch den New Yorker Börsensturz von 1929 ausgelösten Weltwirtschaftskrise. Darüber hinaus brachte die so genannte 1000-Mark-Sperre der nationalsozialistischen Regierung des Deutschen Reiches von 1933 den Fremdenverkehr aus Deutschland nahezu zum Erliegen. Deutsche Staatsbürger mussten nun für eine Reise nach Österreich 1.000 RM, eine Summe, die nur wenige aufbringen konnten, bezahlen. Die 1000-Mark-

Blank geputzte Rauchkammerscharnierleisten, Radreifen und Pufferteller zeugen von der noch immer hohen Wertschätzung der Reihe 310. Auch die neuen Laternen mit Blendschutz stehen ihr nicht schlecht. In diesem Zustand präsentiert sich 310.20 im Vorfeld des Wiener Westbahnhofs 1937.
Foto: Slg. Schröpfer

Sperre wurde als Gegenmaßnahme für die Ausweisung des Reichsministers Frank wegen Beleidigung der österreichischen Bundesregierung verhängt. Unter diesen Umständen kann es nicht verwundern, dass sich unter den 700 von den BBÖ mangels Verkehr abgestellten Lokomotiven auch die Mehrzahl der 310er befand. Von den 1938 noch vorhandenen Maschinen waren lediglich 17 noch betriebsfähig, von denen aber nur vier eingesetzt wurden. Das Heizhaus Wien West setzte die 310 in einem gemeinsamen Dienstplan mit sechs 2´C2´-Tenderloks der Reihe 729 in einem gemischten Personen- und Eilgüterzugumlauf ein. Der Schnellzugdienst war zu dieser Zeit längst an die Vierkuppler der Reihen 113 und 114/214 übergegangen, mit denen die inzwischen alternde Lady aus Kaisers Zeiten nicht mehr mithalten konnte. Die 310.13, 310.14 und 310.19 fielen bereits 1937 der Ausmusterung zum Opfer. Der einstige Stolz der kkStB sah einer unsicheren Zukunft entgegen.

Noch einmal die 310.2, diesmal vor einem Personenzug im Wiener Westbahnhof (1936).
Foto: Slg. Schröpfer

Und noch einmal die besonders gepflegte 310.20 in voller Fahrt mit einem internationalen Expresszug in der Steigung bei Rekawinkel.
Foto: Slg. Wunschel

Immer wieder beeindruckt die eigenwillige Ästhetik dieser Gattung. Die 310.20 unter dem Fußgängersteg beim Heizhaus Wien West (1937).

Foto: Slg. Knipping

Die 310.20 in ihrem Zuhause, dem Heizhaus Wien West. Die Lok besitzt Anschlüsse für die Vakuum- und die Druckluftbremse. Diese Maschine schien sich besonders liebevoller Pflege erfreut zu haben und beweist die noch immer hohe Wertschätzung dieser Gattung.
Foto: Slg. Schröpfer

Welcher Eisenbahnfreund möchte nicht noch einmal an der alten Bimmelschranke zwischen Purkersdorf und Rekawinkel stehen (um 1935) und sich den Wind vom Schnellzug mit der 310.20 um die Nase wehen lassen?

Foto: Slg. Wunschel

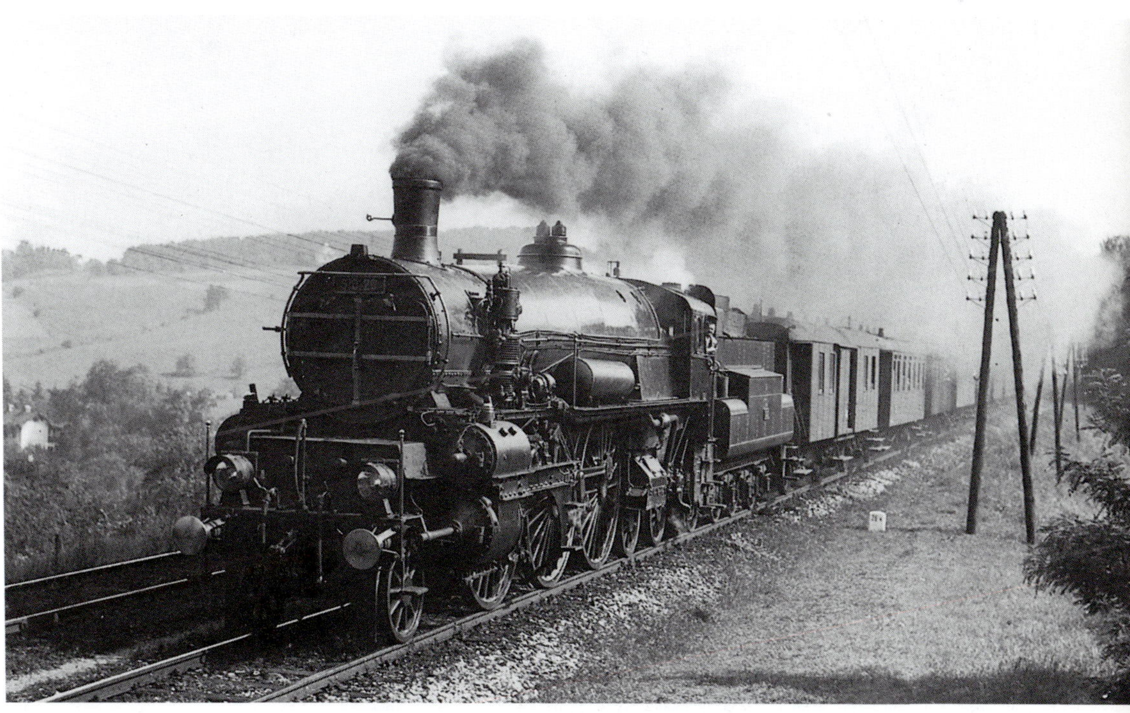

Wieder ein Bild von der 310.20: Diesmal ist sie auf den Anhöhen des Wiener Waldes unterwegs.

Foto: Slg. Wunschel

310.20
3

In den 30er-Jahren wurde die Reihe 310 durch die Inbetriebnahme neuer vierfachgekuppelter Bauarten zunehmend in den Personenzugdienst abgedrängt. Davon blieb auch die Paradelok 310.20 nicht verschont, die hier mit dem P 313 Wien – Linz den Rustensteg am Wiener Westbahnhof passiert.
Foto: Slg. Wunschel

Eisenbahnidylle in den 30er-Jahren: Vorbei an einem Bahnwärterhaus im Wiener Wald, umgeben von Gemüsebeeten, legt sich eine 310 im Jahr 1937 mit ihrem D 156 elegant in die Kurve, bevor sie im Dürrenberg-Tunnel den Blicken entschwindet.

Foto: Zell, Slg. Knipping

Unter mächtiger Qualmwolke arbeitet sich die 310.21 mit dem P 313 Wien – Linz, flankiert von Verbund-Telegrafenmasten, über die Steigung bei Rekawinkel am 13. April 1929. Am Bahndamm hält sich hoch eine dünne Schneedecke.
Foto: Slg. Knipping

Mit Elan quert die 310.23 am 15. Mai 1923 mit einem Schnellzug den Eichgraben-Viadukt. Im selben Jahr wurden die »Österreichischen Bundesbahnen« als selbstständiger Wirtschaftskörper installiert. Wer hätte damals gedacht, dass diese Maschine 65 Jahre später das Andenken an den ruhmreichen österreichischen Dampflokomotivbau wiederbeleben würde?
Foto: Archiv Slezak, Slg. Neudert

Die 310.30 verlässt mit dem »Arlex« den Dürrenberg-Tunnel in Richtung Wien. Hinter dem zweiachsigen Gepäckwagen (Schutzwagen) ist ein Pullmann-Wagen der CIWL zu sehen.
Foto: Slg. Knipping

Und noch einmal der Arlberg-Express: Diesmal hat die 310.35 den L 129 bei der Durchfahrt durch Hadersdorf-Weidlingsgau im Schlepp (um 1930).
Foto: Slg. Horn, Slg. Knipping

Über allen Wipfeln ist Ruh´ – auch im Heizhaus Amstetten nach getaner Arbeit. Die 310.55 pausiert neben der der En2v-Güterzuglokomotive 180.18 an einem Tag im Juli 1933.
Foto: W.Tausche

Aus der Maus-Perspektive wirkt die 310.55 mit ihrem Personenzug geradezu Furcht erregend. Rechts grüßt das Läutewerk eines beschrankter Bahnübergangs.
Foto: Slg. Wunschel

Dampf und Rauch in Fülle! Der L 111, der Orient-Expreß, verlässt Wien West. Links wartet eine Neubau-Rangierlok der Reihe 478 (Dh2t) auf einen neuen Auftrag (1935).
Foto: Slg. Knipping

Die angewachsenen Zuggewichte zwingen in den 30er-Jahren immer öfter zur Doppelbespannung. Die beiden 310er passieren gerade das Vorsignal bei der Fußgängerbrücke vom Rangierbahnhof Penzing.
Foto: Slg. Wunschel

Winterstimmung vor dem markanten Brückenstellwerk in Wien West. Qualmwolken, wie sie hier eine 310 vor einem leichten Schnellzug in die herbe Winterluft entsendet, würden heutzutage bei manchen Zeitgenossen eine mittlere Panik auslösen.
Foto: Slg. Knipping

Vorbei an einer Lok der Reihe 206 (2´Bn2v) aus ihrer Ahnenreihe nimmt die 310.57 beim Rustensteg mit dem schweren D 223 Fahrt gegen Westen auf.

Foto: Slg. Töpelmann, Archiv transpress

Vermutlich mit dem Orient-Expreß ist die E 16 04 der Deutschen Reichsbahn in Salzburg angekommen und wird abgebügelt von der 310.58 abgezogen. Wahrscheinlich wird die 310er danach die Weiterbeförderung des Zuges bis Wien benehmen (28. Juli 1929).

Foto: Repro Konrad Pfeiffer, Slg. Neudert

Aus der Stellwerksperspektive: Ausfahrt eines Personenzuges mit einer unbekannten 310er aus Wien West.

Foto: Zell, Slg. Wunschel

Betriebsfähig, aber ohne Tender steht die 310.59 in Wien West.
Foto: Zell, Slg. Schröpfer

Auch zu Zweit müssen sich die 310er anstrengen, um einen schweren Zug über den Berg zubringen (um 1936). Die Geländeverhältnisse der Westbahnstrecke boten nicht die idealen Einsatzbedingungen für die großrädrigen Maschinen.
Foto: Slg. Wunschel

Start zu einem Wettrennen? Das ist nicht Sache der feinen Ladies. Die beiden 310er warten auf neue Dienste beim Heizhaus Wien West.
Foto: Slg. Wunschel

Mit geöffneten Zylinderhähnen schiebt sich die 310.67 in Passau gemächlich an ihren Zug nach Wien.
Foto: Zell, Slg. Töpelmann, Archiv transpress

Immer wieder der »Arlberg-Expreß«! Trotz des verbreiteten Einsatzes neuer Vierkuppler-Bauarten (Reihe 113 und 214) wurden die blauen Luxuszüge der CIWL weiterhin von der Reihe 310 gezogen. In voller Fahrt zieht die 310.64 den »Lux« durch die Kurve beim »Wolf in der Au« zwischen Hütteldorf und Hadersdorf (um 1934).

Foto: Slg. Wunschel

Die 310.67 mit einem Personenzug bei Tullnerbach-Preßbaum. Das Vorsignal der Gegenrichtung verbreitet altösterreichische Eisenbahnatmosphäre.

Foto: Zell, Slg. Wunschel

Die 310.64 und die 310.05 verlassen mit sauberem Feuer und zischenden Zylinderhähnen den Wiener Westbahnhof mit dem schweren D 121 Budapest – Paris/Calais am Haken.
Foto: Zell, Slg. Knipping

Hochbetrieb im Heizhaus Wien West: Auf der Drehscheibe eine 310er und zwei weitere Adriatics im Hintergrund. Rechts ist eine 429er (1´C1´h2) und ganz links eine 10er (1´C1´h4v) zu sehen.
Foto: Slg. Knipping

In einem Einschnitt bei Tullherbach legt sich die 310.67 mit einem Personenzug in die Kurve.
Foto: Slg. Knipping

Mit einem gut durchgebrannten Feuer erwartet die 310.71 auf die Abfahrt im Wiener Westbahnhof, Mitte der 30er-Jahre. Als 16 032 war sie nach dem Zweiten Weltkrieg die einzige betriebsfähige Maschine ihrer Gattung.
Foto: Zell, Slg. Töpelmann, Archiv transpress

Mit einem kurzen Schnellzug durcheilt die 310.70 den Bahnhof Rekawinkel um 1936.
Foto: Slg. Knipping

Die 300 t Zugmasse des »Orient-Expreß« – noch mit Teakholzwagen – bereitet der 310.87 keine Schwierigkeiten. Die Lok besitzt noch keine Druckluftbremse. Die Aufnahme entstand 1925 bei Melk an der Donau.
Foto: Stögermayr, Slg. Wunschel

Die 310.87 in Wartestellung in Wien West; hinter ihr stand eine Maschine Reihe 10.
Foto: Slg. Töpelmann, Archiv transpress

»Ausfahrt frei« in Amstetten in Richtung Wien (1933) mit Blick auf den recht luftigen Arbeitsplatz des Lokpersonals.
Foto: W. Tausche

6. In der Tschechoslowakei und in Polen

6.1 Unter dem böhmischen Löwen

Anders als in Österreich mit seinen überwiegend steigungsreichen Strecken konnten die 35 den Tschechoslowakischen Staatsbahnen (ČSD) zugesprochenen Adriatics ihre Spitzenposition im Schnellzugdienst noch fast zwei Jahrzehnte lang behaupten. Stets in einem hervorragenden Pflegezustand, mit dem Löwenwappen der Tschechoslowakei geschmückt, konnte man die Maschinen auf den großen Durchgangsstrecken bewundern. Die ČSD reihten die ehemaligen 310er 1925 als Reihe 375.0 in ihr neues Nummernschema ein. Der relativ hohe Kohlenverbrauch der Vierzylinderverbundmaschinen spielte bei den reichen Kohlenvorkommen in der Tschechoslowakei eine geringere Rolle als die teure Unterhaltung des komplizierten Triebwerks. Der Versuch der ČSD, die Adriatics durch die in den 1920er-Jahren beschafften 1´C1´-Zwillingsmaschinen der Reihe 365.0, die etwa die gleiche Leistung hatten, zu ersetzen, gelang auf Grund des schlechten Laufverhaltens der Reihe 365.0 – bedingt durch die führende Adamsachse – nur zum Teil.

Von den ČSD übernommene Maschinen der Reihe 310

Betriebsnummer kkStB	Betriebsnummer CSD
310.02	375.001
310.07	375.002
310.08	375.003
310.09	375.004
310.11	375.005
310.15	375.006
310.22	375.007
310.25	375.008
310.28	375.009
310.29	375.010
310.33	375.011
310.34	375.012
310.35	375.013
310.36	375.014
310.37	375.015
310.39	375.016
310.40	375.017
310.41	375.018
310.43	375.019
310.44	375.020
310.45	375.021
310.46	375.022
310.47	375.023
310.48	375.024
310.49	375.025
310.52	375.026
310.60	375.027
310.63	375.028
310.66	375.029
310.73	375.030
310.74	375.031
310.75	375.032
310.82	375.033
310.83	375.034
310.85	375.035

Bei den Heizhäusern Praha-Vršovice und Bratislava (Preßburg) stationiert, oblag der Reihe 375.0 vor allem die Beförderung der Schnellzüge auf der Magistrale von der Hauptstadt über Brno (Brünn) nach Bratislava, der Schnellzüge nach Wien bis Ceske Velenice, einem ehemaligen Stadtteil von Gmünd, und auf der nach Norden führenden Hauptstrecke nach Podmokly (Bodenbach, heute Děčín) in Richtung Dresden–Berlin einschließlich des über Tetschen geführten Nachtschnellzuges R 61/62 Wien–Berlin. Mit der Verlegung dieses Zuglaufes vom linken auf das rechte Elbufer im Jahr 1933 entfiel auch eine zeitweilige Stationierung der Reihe 375.0 im Heizhaus Bodenbach.

Auf der nach Westen führenden Strecke von Prag nach Cheb (Eger) über Pilsen teilten sich die Gölsdorf-Maschinen die Dienste mit der bereits erwähnten Reihe 365.0 und der in Würde gealterten Atlantic-Reihe 275.0 (ex. Reihe 108 der kkStB). Weitere Einsatzstrecken der Reihe 375.0 waren ihre ehemalige Nordbahn-Stammstrecke zwischen Brěclav (Ludenburg) und Bohumin (Oderberg) und von Bratislava zu den nahe gelegenen Grenzbahnhöfen Marchegg (zu Österreich) und Szob (zu Ungarn).

Erst Mitte der 1930er-Jahre wurde die Reihe 375.0 schrittweise aus ihren angestammten Einsatzgebieten verdrängt. Die modernen 2´C1´-Maschinen der Reihe 387.0 übernahmen nun deren Leistungen auf den wichtigsten Durchgangsstrecken.

Die ČSD modifizierten die Gölsdorf-Maschinen in Details. Bei einigen Lokomotiven wurde die doppelflügelige Rauchkammertür durch die ČSD-typische Form mit Zentralverschluss ohne Seitenverriegelung ersetzt. Weiterhin erhielten einige Maschinen ein Rauchableitblech hinter dem Kamin.

6.2 Unter dem polnischen Adler

Die Aufteilungskommission der Alliierten und Assoziierten Mächte sprach der Polnischen Staatsbahn nach der Verteilung des Fahrzeugbestandes der ehemaligen kkStB alle neuen noch vorhandenen Maschinen der Reihe 210 und zwölf Exemplare der Reihe 310 zu. Von den Brotan-Loks erwarb

Der Seltenheitswert dieser Aufnahme aus dem Jahr 1932 entschuldigt die mangelnde Schärfe der in voller Fahrt am linken Elbeufer an den Hopfenfeldern von Roudnice (Raudnitz) mit dem Schnellzug R 12 vorbeieilenden 375.006 (ex 310.011) vom Heizhaus Podmokly (Bodenbach, heute Děčín). Der Zug fuhr zeitgleich mit dem am rechten Elbeufer geführten R(D) 62 Berlin–Prag–Gmünd–Wien FJB in Bodenbach ab, wo er Kurswagen nach Wien Nord und Košice (Kaschau) sowie einen Speisewagen (CIWL) nach Brastislava (Preßburg) vom D 62 übernommen hatte. Beide Züge wurden damals von Lokomotiven der Reihe 375.0 geführt.

Foto: W. Tausche

die PKP direkt von der Wiener Lokomotivfabrik Floridsdorf die 310.304, 307 und 308. Die übrigen sieben Maschinen mit Brotan-Kessel fielen der PKP im Jahr 1921 mit der Übernahme der preußischen Eisenbahndirektion Kattowitz zu. Die 210.01 und 210.10 waren im Ersten Weltkrieg verloren gegangen.

In das Bezeichnungssystem der PKP wurden die 210er als Pn11-1 bis 9, die 310er als Pn12-1 bis 12 und die Brotan-Loks als Pn12-13 bis 22 aufgenommen. Die PKP ließ alle Pn11 später auf Heißdampf umbauen, womit die Maschinen der Leistung der Pn12 angeglichen wurden.

Die gleiche Lokomotive bei der Durchfahrt des R 148 (»Rychlik« bedeutet Schnellzug) Berlin–Prag–Brünn –Pressburg–Budapest durch den Bahnhof Theresienstadt (Terezin). Der Zug führt Kurswagen nach Wien-Ost und Belgrad sowie einen Schlafwagen nach Athen nebst Speisewagen Bodenbach–Budapest. Mit ihrem »Schlotkragen« wirkt die Lok fast exotisch. Hinter dem schmucken Empfangsgebäude verbirgt sich ein Stück düsterer Zeitgeschichte: Aus der 1780 erbauten Festung wurde 1888 eine Garnison und Staatsgefängnis in dem bis zu seinem Tode am 29. April 1918 der Attentäter von Sarajevo, Gavrilo Princip, eingekerkert war. Die Ermordung des österreichischen Thronfolgerpaares löste den Ersten Weltkrieg aus. Das Nazi-Regime errichtete 1942 in der »Kleinen Festung« ein Konzentrationslager für Juden. Nach Kriegsende litten dann sudetendeutsche Häftlinge hinter den Mauern. (Aufnahme 1935).

Foto: Suchý, Slg. W. Tausche

Eine auffällige Bauartänderung musste die 375.011 (ex 310.29) über sich ergehen lassen: Sie erhielt einen höheren Dampfdom, die Sicherheitsventile rückten auf den Stehkessel und wurden mit einem Schallschutzmantel umkleidet. Hinzu kam die Ausstattung mit Druckluftbremse und mechanischer Schmierpresse. Der Warnblitz auf dem Führerhaus weist auf die Elektrifizierung des Prager Vorortverkehrs (1928) hin. Die Aufnahme entstand in Prag Wilson Bahnhof.
Foto: Slg. Knipping

Hier präsentiert sich die 375.013 (ex 310.34) auf der Drehscheibe in Marchegg. Die Maschine wurde mit einer Druckluftbremse, einer elektrischen Beleuchtung, einem Rauchleitblech und einem Tender der Reihe 923.1 (23 m³ Wasser, 14,5 t Kohle und Kohlenschubeinrichtung) nachgerüstet.
Foto: Zell, Slg. Schröpfer

Wieder die 375.013, diesmal in der Seitenansicht. Die Schnellzugmaschine passte gerade so auf die Drehscheibe.
Foto: Slg. W.Tausche

Bestens gepflegt zeigt sich im Heizhaus Marchegg die 375.026. Sie war im Heizhaus Bratislava (Preßburg) beheimatet und ging im März 1939 auf die kurzlebige Slowakische Staatsbahn über. Sie ist mit einem Tender Reihe 727.0 (ex Reihe 88) gekuppelt.
Foto: Slg. Schröpfer

Völlig verändert wirkt die Frontpartie der 310 mit der modernen Rauchkammertür der ČSD. Der »New Look« steht der alten Dame nicht schlecht. Die Aufnahme der 375.026 entstand in Marchegg um 1937.

Foto: Slg. Wunschel

In der Seitenansicht kommen die 2,14 Meter großen Radsätze der ehemaligen Reihe 310 besonders gut zur Geltung
Foto: Slg. Knipping

Eine unbekannte 375.0 ohne Zug die Bečva-Brücke in Prerau (Přerov).
Foto: Slg. Knipping

Die hohe Wertschätzung, die Gölsdorfs 1´C2´-Maschinen in den 30er-Jahren bei der ČSD genossen, beweist der erstklassige Pflegezustand, den man der 375.014 (ex 310.35) angedeihen ließ.
Foto: Slg. Neudert

Von der PKP übernommene Maschinen der Reihe 210

Betriebsnummer kkStB	Betriebsnummer PKP
210.02	Pn11-1
210.03	Pn11-2
210.04	Pn11-3
210.05	Pn11-4
210.06	Pn11-5
210.07	Pn11-6
210.08	Pn11-7
210.09	Pn11-8
210.11	Pn11-9

Alle drei Varianten bedienten von den Heizhäusern Krakau, Rzeszow und Lwów (Lemberg) aus bis zum Beginn des Zweiten Weltkrieges ihre angestammte galizische Hauptstrecke Krakau–Lemberg. Sie liefen aber zeitweilig auch von Krakau aus die Hauptstadt Warschau und das oberschlesische Kattowitz an.

Von der PKP übernommene Maschinen der Reihe 310

Betriebsnummer kkStB	Betriebsnummer PKP
310.01	Pn12-1
310.03	Pn12-2
310.17	Pn12-3
310.18	Pn12-4
310.27	Pn12-5
310.61	Pn12-6
310.65	Pn12-7
310.76	Pn12-8
310.77	Pn12-9
310.78	Pn12-10
310.80	Pn12-11
310.81	Pn12-12

Von der PKP übernommene Maschinen der Reihe 310.300

Betriebsnummer kkStB	Betriebsnummer PKP
310.300	Pn12-13
310.301	Pn12-14
310.302	Pn12-15
310.303	Pn12-16
310.304	Pn12-17
310.305	Pn12-18
310.306	Pn12-19
310.307	Pn12-20
310.308	Pn12-21
310.309	Pn12-22

7. In Diensten der Deutschen Reichsbahn

Das Misstrauen in die Lebensfähigkeit der Republik Österreich, genährt durch Parteihader, wirtschaftliche Depression und Währungsverfall, ließ keine Konsolidierung der politischen Verhältnisse zu. Engelbert Dollfuß, seit 1932 Bundeskanzler Österreichs, errichtete unter Ausschaltung der Volksvertretung ein klerikal faschistisches Regime auf autoritärer und ständischer Grundlage. Seine Gegnerschaft sowohl zu den Sozialdemokraten als auch zu den Nationalsozialisten mündete 1934 in bürgerkriegsähnliche Zustände unter Einsatz des Militärs. Ähnlich wie bei Hitlers Machtergreifung in Deutschland trat an die Stelle verbotener Parteien in Österreich eine »Vaterländische Front« mit polizeilichen Vollmachten. 1934 fiel Dollfuß einem Putschversuch der Nationalsozialisten zum Opfer.

»Mir bleibt auch nichts erspart« – dieser Ausspruch Kaiser Franz Josefs ließe sich auch auf die in Würde gealterte Lok-Veteranin angesichts des ihr verpassten »Schmucks« nach der »Heimholung ins Reich« münzen.
Foto: Slg. Töpelmann, Archiv transpress

PARADIES-HOF

Schon mit neuer Anschrift - die 310.05 als 16 001 der Deutschen Reichsbahn. Die Nummer ist nur noch mit Farbe angeschrieben. Der Tender mit vergrößerter Kapazität trägt noch das Nummernschild 86.64. Das Betriebsgattungszeichen S 36.14 ist regelwidrig über die Loknummer gesetzt. Für die Veteranin, die nun unter dem dritten politischen Regime im Einsatz ist, bilden die herrlichen Stadthäuser aus der Gründerzeit mit dem so genannten »Paradies-Hof« an der Felber-Straße einen trefflichen Hintergrund als Metapher für die Unabhängigkeit vom Zeitgeist.
Foto: Seifert, Slg. Knipping

Die 16 005 (ex 310.16) besaß einen dreiachsigen Tender. Die Aufnahme entstand um 1939.

Foto: Slg. Töpelmann, Archiv transpress

Sein Nachfolger wurde der Unterrichts- und Justizminister Kurt Schuschnigg. Dessen Bestreben war auf die Erhaltung der ständischen Verfassung und der staatlichen Unabhängigkeit Österreichs ausgerichtet. Seine Bemühungen, die Konflikte mit dem nationalsozialistischen Deutschland abzubauen, misslangen und endeten im März 1938 mit einem unannehmbaren Ultimatum zu Gunsten der österreichischen Nationalsozialisten und mit der Entmachtung Schuschniggs. Der von der Bevölkerung größtenteils mit Jubel begrüßte Einmarsch der deutschen Wehrmacht am 13. März 1938 war der letzte Akt des Dramas um die erste österreichische Republik. Die Annexion der Alpenrepublik, offiziell als »vollzogene Wiedervereinigung Österreichs mit dem Deutschen Reich« bezeichnet, wurde dann noch mit einer Volksabstimmung nach außen hin legitimiert. Offiziell sollen bei dieser Volksabstimmung 99,73 % der Österreicher den neuen Verhältnissen zugestimmt haben. Dieses „eindeutige Votum“ bei der Volksabstimmung ist weniger als eine Zustimmung zu der diffusen und kaum verstandenen nationalsozialistischen Ideologie zu verstehen, sondern mehr als Korrektur eines in den Augen der Österreicher von den Siegermächten des Ersten Weltkrieges begangenen Unrechts und als ein Ende der als untragbar empfundenen politischen Verhältnisse. Die völkerrechtliche Anerkennung des Anschlusses Österreichs an das Deutsche Reich zementierte die neuen Verhältnisse auf der Landkarte in Mitteleuropa. Dass damit eine noch unheilvollere Periode in der Geschichte eingeläutet wurde, wollte man damals nicht wahrhaben.

Der politische Umbruch hatte natürlich auch tiefgreifende Auswirkungen auf das Eisenbahnwesen in Österreich. Per Gesetz vom 28. März 1938 wurden die Österreichischen Bundesbahnen (BBÖ) als

Die abgeblendeten Laternen der 16 033 (ex 310.72) verraten, dass diese Aufnahme während des Zweiten Weltkriegs entstand.
Foto: Bellingrodt, Slg. Töpelmann, Archiv transpress

selbstständige Wirtschaftseinheit aufgelöst und in die Deutsche Reichsbahn eingegliedert. Dabei wurde die Verwaltung der ehemalige BBÖ auch den Strukturen der Reichsbahn angepasst. Mit Beginn des Jahres 1939 war das 5918,55 km lange Eisenbahnnetz der so genannten Ostmark[1], wie Österreich nun genannt wurde, an die Reichsbahndirektionen (RBD) Wien, Linz, Villach, München und Augsburg aufgeteilt. Die Integration in die bereits mit Kriegsvorbereitungen beschäftigte Wirtschaft des Deutschen Reiches bescherte dem einverleibten Österreich ein willkommenes wie auch dringend notwendiges Investitionsprogramm, an dem auch die Eisenbahn ihren Anteil hatte.

Zur Bewältigung des sprunghaft angewachsenen Verkehrs ordnete die Deutsche Reichsbahn umgehend die Ausbesserung von 340 Lokomotiven an, die in den Krisenjahren mangels Bedarfs abgestellt waren. Darunter befanden sich auch 24 Schnellzuglokomotiven der Reihe 310, die nun dringend für den wiederbelebten Reiseverkehr benötigt wurden. Für die insgesamt noch 40 vorhandenen Maschinen, die nach dem Umzeichnungsplan der Reichsbahn ab 1939 als 16 001 bis 040 eingereiht wurden[2], bedeutete dies eine neue, aber leider nur kurze Blütezeit. Als Glanzleistung führten die bei den Bahnbetriebswerken (Bw) Wien und Linz stationierten Lokomotiven in einem gemeinsamen Umlaufplan mit der Reihe 78[6] (ex Reihe 729) das am 23. März 1938 eingeführte Fernschnellzugpaar FD 17/18 Berlin Anhalter Bahn-

1 1942 musste der Name wegen möglicher Verwechselung mit dem Gau Bayerische Ostmark (Niederbayern) in »Alpen- und Donau-Reichsgaue« geändert werden.

2 Um die Umstellung auf die neuen Betriebsnummern zu erleichtern, blieben die BBÖ-Schilder noch für fast ein Jahr am Führerhaus neben der provisorisch angeschriebenen Reichsbahn-Nummer erhalten.

Die Seitenansicht der 16 033 (ex 310.72) gibt sehr gut die Proportionen der Reihe 310 wieder.

Foto: Bellingrodt, Slg. Wunschel

hof–Leipzig–Regensburg–Wien Westbahnhof zwischen Passau und Wien. Dieses Zugpaar erreichte mit 84,5 km/h die höchste in Österreich gefahrene Reisegeschwindigkeit. Außerdem bespannte die nunmehrige Baureihe 16 den L 129/130 Arlberg-Express zwischen Wien und Salzburg, der es trotz der langen Steigungen im Wiener Wald auf 82 km/h brachte. In Doppelbespannung, teils ebenfalls mit der Baureihe 78^6 wurde den 310ern auch der schwerste Zug der Westbahnstrecke, der D 123/124 Wien–Dortmund, anvertraut. Es war natürlich nicht zu übersehen, dass sich die inzwischen gealterten Ladies mit ihren knapp 45 t Reibungsgewicht bei solchen Traktionsaufgaben doch recht schwer taten.

Mit der Stationierung reichsdeutscher Maschinen in Gestalt der Baureihen 18^4 (ex Bayerische S 3/6), 03 und 03^{10} sowie ab 1942 mit den zugkräftigen vierfachgekuppelten ehemaligen Pt 31 der PKP (Baureihe 19^1) beim Bw Linz sank der Stern der Gölsdorf-Maschinen endgültig. Sicher waren aber auch die 310er den neuen Herren als fremdartige und an das alte Kaiserreich erinnernde Maschinen ein Dorn im Auge.

Die Verdichtung des Schnellzugverkehrs nach dem Anschluss Österreichs an das Deutsche Reich brachte auch den 23 abgestellten 310ern neue Arbeit. Mit abgeblendeten Laternen hat die 16 034 (ex 310.79) einen Schnellzug unter der elektrischer Fahrleitung nahe Oberhofen-Zell am Moos im Salzburger Land am Haken.

Foto: Slg. Wunschel

In Linz standen die 16 011, 16 038, 16 007, 16 039, 16 027 und 16 001 betriebsfähig abgestellt.

Foto: Bellingrodt, Slg. Töpelmann, Archiv transpress

km/h		bis 35	40	45	50	60	70	80	90	100				
Steigung		Wagengewicht in t (Personenzug)												
0	1 : ∞					1310	985	735	545	400				
1‰	1 : 1000				1300	1020	780	590	445	330				
2‰	1 : 500			1140	1040	825	640	490	375	275				
3‰	1 : 333	1050	1000	940	860	690	540	415	315	235				
4‰	1 : 250	880	835	790	730	585	460	355	265	195				
5‰	1 : 200	750	715	685	630	505	400	305	230	170				
6‰	1 : 166	655	620	595	550	440	350	265	200	145				
7‰	1 : 140	575	550	525	485	390	305	230	175	125				
8‰	1 : 125	505	485	465	430	340	270	205	150	105				
10‰	1 : 100	410	390	375	350	275	215	160	110	75				
14‰	1 : 70	280	270	260	235	180	135	100						
20‰	1 : 50	170	160	155	140	100	70							
25‰	1 : 40	120	110	105	90									

S 36. 14 **310 (ÖBB)** **16 0**

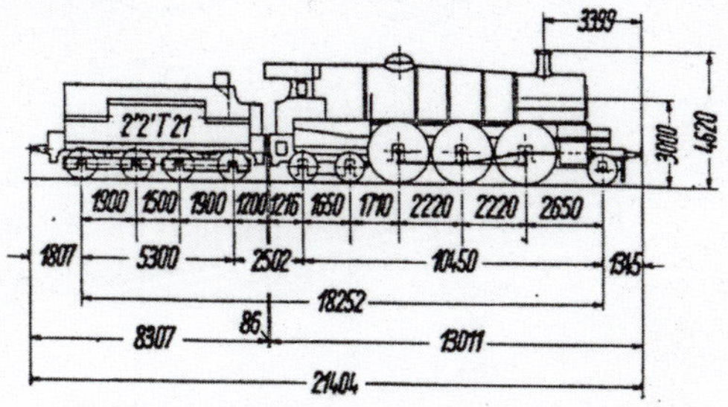

Die Schlepplastentafel für die Baureihe 16 aus dem »Merkbuch für die Fahrzeuge der Reichsbahn« (gültig ab 1. September 1940).

Abbildung: Slg. Schröpfer

Lfd Nr	Bauartreihe Unterbauart Betriebsgattung Frühere Länderbezeichnung	16^0 S 36. 14 310 (ÖBB)
1	Musterzeichnung	—
	Bildliches Verzeichnis Nr.	—
2	Abgekürzte Bezeichnung	1'C 2' h 4 v
3	Betriebsnummer – bisherige – von	310. 05
	Betriebsnummer – bisherige – bis	310. 90
	Betriebsnummer – neue – von	16 001
4	Größte Geschwindigkeit V_{gr} = km/h	100 G
5	Zylinderdurchmesser d = mm	$2 \times \frac{390}{630}$
6	Kolbenhub s = mm	720
7	Art und Lage der Steuerung	H a ²)
8	Kessel – Dampfüberdruck p = kg/cm²	15
9	Kessel – Rost – Fläche R = m²	4,62
	Kessel – Rost – Länge × Breite R_{lb} = m	2,44 × 1,89
10	Kessel – Vom Feuer berührte Verdampfungsheizfläche fH – Feuerbüchse H_b = m²	14,72
11	Heizrohre – Durchm d_{Hr} = mm	54 × 2,5
	Heizrohre – Länge zwisch d Rohrwänden L_R = mm	5150
	Heizrohre – Anzahl . . . n_{Hr} =	170
	Heizrohre – Heizfläche H_{Hr} = m²	134,0
12	Rauchrohre – Durchm d_{Rr} = mm	133 × 4
	Rauchrohre – Anzahl . . . n_{Rr} =	24
	Rauchrohre – Heizfläche H_{Rr} = m²	46,83
13	Gesamtheizfläche ohne Überhitzer . H_v = m²	195,55
14	Durchmesser der Überhitzerrohre . . . . . $d_{ü}$ = mm	38 × 4
15	Überhitzerheizfläche $H_ü$ = m²	55,0
16	Bei Wasserstand 150 mm über Feuerbüchsdecke – Wasserinh W_k = m³	6,0
17	Dampfraum D_k = m³	
18	Verdampfungsoberfläche . . O = m²	
19	Gewicht des Kessels ohne Ausrüstung . . . . G_{klo} = kg	19 600
20	Gewicht des Kessels mit grober u feiner Ausrüstung G_{klm} = kg	27 400

¹) Mit Übertragungswelle ²) Schieb Kolbenstange

Lfd Nr	Bauartreihe Unterbauart Betriebsgattung Frühere Länderbezeichnung	16^0 S 36. 14 310 (ÖBB)
21	Ausrüstung mit Vorwärmer¹ . . .	(AV)
22	Ausrüstung mit Dampfläutewerk	—
23	Ausrüstung mit Heizleitung . . .	H r v
24	Inhalt d Wasserkasten W = m³	[21]
25	Fassung d Kohlenkastens B = t	[8,72]
26	Laufkreisdurchmesser – Treib- und Kuppelradsätze D = mm	2140
27	Laufkreisdurchmesser – Laufradsätze D_v = mm	1034
28	Laufkreisdurchmesser – Laufradsätze D_h = mm	1034
29	Gewicht der leeren Lok G_{Ll} = kg	79 200
30	Lokomotive betriebsfähig – Achsdruck auf die Federn – I. Radsatz . . . . . kg	
	II. „ . . . . . kg	
	III. „ . . . . . kg	
	IV. „ . . . . . kg	
	V. „ . . . . . kg	
	VI. „ . . . . . kg	
	VII. „ . . . . . kg	
31	Lokomotive betriebsfähig – Achsdruck auf die Schienen – I. Radsatz . . . . . kg	14 500 (28)
	II. „ . . . . . kg	14 700 (22)
	III. „ . . . . . kg	14 700 (10)
	IV. „ . . . . . kg	14 700
	V. „ . . . . . kg	13 200
	VI. „ . . . . . kg	13 700 (16)
	VII. „ . . . . . kg	—
32	Gesamtgewicht G_{Ld} = kg	86 000
33	Reibungsgewicht G_{Lr} = kg	44 100
34	Gewicht auf 1 m Länge t/m	6,5
35	Mittl Kuppelachsdruck . kg	14 700
36	Bauart der Bremse	(Vak, + Wbr) (Kbr m Z, + Vak)
37	Erstes Beschaffungsjahr	1911
38	Erster Beschaffungspreis einschl Tender . . . . RM	
39	Urheberfirma (Mutterwerk) . . .	Lf Floridsdorf

¹) 1923 umgebaut

Die ehemalige Reihe 310 fand als Baureihe 16 Eingang in das »Merkbuch für die Fahrzeuge der Reichsbahn«. Der entsprechende Nachtrag dazu war ab dem 1. September 1940 gültig. *Abbildung: Slg. Schröpfer*

8. Getrennte Wege

Unter dem Eindruck wachsender Macht und des trügerischen wirtschaftlichen Aufschwungs des Deutschen Reiches, nicht zuletzt durch den reibungslosen Anschluss Österreichs, schlugen die von Anbeginn vorhandenen Autonomiebestrebungen der Sudetendeutschen in der Tschechoslowakei in eine von der Hitler-Regierung gesteuerte »Heim-ins-Reich-Bewegung« um. Überdurchschnittliche Arbeitslosigkeit in den exportorientierten sudetendeutschen Industriegebieten hatten die Gegensätze zur Prager Regierung verschärft. Um der Erhaltung des Friedens in Europa Willen stimmten die beiden westlichen Großmächte England und Frankreich im so genannten Münchener Abkommen

Die 375.007 zeigt sich in ihrem letzten Betriebszustand heute als Exponat im Technischen Nationalmuseum in Prag (20. Mai 2001).
Foto: Neudert

Überführung der 375.007 (ex 310.15) in das Technische Nationalmuseum in Prag im Jahr 1955: Im Jahr 1911 wurde sie von der BMMF in Prag-Lieben für die kkStB gebaut (Fabr.Nr. 390).

Foto: Slg. Schröpfer

vom 29. September 1938 der Abtretung der überwiegend von Deutschen bewohnten Randgebiete Böhmens, Mährens und Sudeten-Schlesiens zu, die mit dem unter Jubel erfolgten Einmarsch der deutschen Wehrmacht am 1. Oktober 1938 vollzogen wurde. Auch dieser Akt in der Geschichte Europas wurde noch als Wiedergutmachung eines 1918 begangenen Unrechts durch die Verweigerung des Selbstbestimmungsrechts hingenommen.

Der Slowakei wurde durch eine autonome Regierung größere Selbstständigkeit eingeräumt. Ungarns Anspruch auf die südlichen Landesteile (Oberungarn) wurde im Wiener Schiedsspruch vom 2.November 1938 geregelt, während sich Polen das Olsa-Gebiet (das Industrierevier um Oderberg, Teschen und Karwin) einverleibte.

Die Aufteilung des ČSD-Bestandes im Jahr 1939

CSD-Lok	ex. kkStB-Lok	Verbleib bei
375.001	310.02	SŽ
375.002	310.04	BMB
375.003	310.07	SŽ
375.004	310.08	-
375.005	310.09	BMB
375.006	310.11	BMB
375.007	310.15	BMB
375.008	310.22	BMB
375.009	310.25	BMB
375.010	310.28	SŽ
375.011	310.29	BMB
375.012	310.33	SŽ
375.013	310.34	SŽ
375.014	310.35	SŽ
375.015	310.36	BMB
375.016	310.37	SŽ
375.017	310.39	BMB
375.018	310.40	SŽ
375.019	310.41	BMB
375.020	310.43	BMB
375.021	310.44	BMB
375.022	310.45	BMB
375.023	310.46	BMB
375.024	310.47	BMB
375.025	310.48	BMB
375.026	310.52	SŽ
375.027	310.60	BMB
375.028	310.63	BMB
375.029	310.66	BMB
375.030	310.73	-
375.031	310.74	BMB
375.032	310.75	BMB
375.033	310.82	BMB
375.034	310.83	BMB
375.035	310.85	BMB

Schon fünf Monate später entlarvte sich Hitler selbst, als er seine Zusage brach, in Europa keine territorialen Forderungen mehr zu erheben, und den seit Oktober 1938 amtierenden tschechischen Staatspräsidenten Hácha unter Androhung militärischer Gewalt zum Abschluss des Protektoratsvertrages für den tschechischen Reststaat zwang, dem am 16. März 1939 die Besetzung des Landes durch deutsche Truppen folgte. Gleichzeitig erklärte sich die Slowakei zu einem selbstständigen Staat unter dem Schutz des Deutschen Reiches.

Durch diese politischen Ereignisse zerfielen die Tschechoslowakischen Staatsbahnen (ČSD) in die Protektoratsbahnen (BMB/ČMD) und die Slowakischen Staatsbahn (SŽ). Die Protektoratsbahnen wurden zwar nicht in die Deutsche Reichsbahn eingegliedert, unterstanden aber dem Weisungsrecht des Reichsverkehrsministeriums und mussten nach außen hin zweisprachig auftreten. Nach der Aufteilung des Fahrzeugparks der ČSD verblieben 23 Maschinen der Reihe 375.0 bei den BMB/ČMD und zehn Lokomotiven gingen in den Besitz der SŽ über. Zwei Maschinen, die 375.003 (ex 310.07) und 375.030 (ex 310.73) hatten die ČSD bereits 1937 ausgemustert.

Beide Bahnverwaltungen behielten das Bezeichnungssystem der ČSD bei. Die BMB-Maschinen versahen von den Heizhäusern Prag-Vršovice, Budweis, Mährisch Ostrau, Prerau und Brünn aus zweitrangige Dienste. Von Brünn aus kamen sie mit einem Fernpersonenzug bis Wien Nord.

Die slowakischen Lokomotiven führten Schnell- und Personenzüge von Bratislava nach Marchegg, Szob und Brünn und waren in Bratislava und Nové Zámky (Neuhäusel) stationiert. Als nach dem Ende des Zweiten Weltkrieges die Bestände beider Bahnverwaltungen wieder in der ČSD zusammengeführt wurden, waren noch 28 Maschinen der Reihe 375.0 vorhanden. Entbehrlich wurden die Loks erst 1950. Die 375.007, hergestellt 1911 von der Böhmisch-Mährischen Maschinenfabrik unter der Fabrik-Nummer 390 als 310.15 für die kkStB, blieb als Exponat des Technischen Nationalmuseums in Prag der Nachwelt erhalten.

9. Im Zweiten Weltkrieg

Die Friedensordnung von 1919 hatte nach der Auflösung des Vielvölkerstaates Österreich-Ungarn erneut Millionen von Menschen zu Angehörigen von mehr oder minder unterdrückten Minderheiten in den neuen Nationalstaaten gemacht. Neue ethnische Konflikte waren damit vorprogrammiert. Auch die polnische Republik mit einem nicht polnischen Bevölkerungsanteil von einem Drittel hat kein befriedigendes Verhältnis zu den nicht dem Staatsvolk angehörenden Minderheiten herzustellen vermocht. Dies betraf nicht nur die über eine Million Menschen zählende deutsche Volksgruppe und die in Galizien ansässigen Österreicher, sondern auch die Ukrainer, Weißrussen und Tschechen, um deren Rechtsstellung ein erbitterter Notenkampf den Genfer Völkerbund beschäftigte. So hatte Litauen niemals die Wegnahme seiner eigentlichen Hauptstadt Vilnius (Wilna) durch Polen anerkannt. Als Polen sich weigerte, Deutschland einen freien Zugang zu dem durch den so genannten polnischen Korridor getrennten Ostpreußen durch eine exterritoriale Eisenbahn und Straße zu gewähren und außerdem der Rückkehr der Freien Stadt Danzig unter die Hoheit des Deutschen Reiches gegen die Einräumung eines polnischen Freihafens zuzustimmen, eskalierte der Konflikt. Nach einem am 23. August 1939 geschlossenen Nichtangriffspakt und einem Handelsabkommen zwischen Deutschland und der Sowjetunion, bei dem in einem geheimen Zusatzprotokoll gleichzeitig die Interessenssphären im osteuropäischen Raum abgegrenzt wurden, gab Hitler am 1. September 1939 den Angriffsbefehl gegen Polen. Als die Niederlage der polnischen Streitkräfte nicht mehr abzuwenden war, erklärte die Sowjetregierung am 17. September 1939 den polnischen Staat als nicht mehr existent und besetzte die ostpolnischen Gebiete.

Durch die Besetzung Polens gelangte eine Anzahl von Lokomotiven der ehemaligen Reihen 210, 310 und 310.300 in deutschen Besitz, letztere Reihe zum zweiten Mal nach einer nur kurz dauernden Rolle als preußische S11 (1919 bis 1921). Die Deutsche Reichsbahn reihte die Maschinen nach dem »Umzeichnungsplan für die Dampflokomotiven der ehemaligen polnischen Staatsbahnen«, der erst am 29. August 1941 aufgestellt wurde, wie folgt in ihren Fahrzeugpark ein:

Ehem. Reihe 210

ehemalige PKP-Nummer	Betriebsnummer der Deutschen Reichsbahn
Pn11-2	16 051
Pn11-6	16 052
Pn11-9	16 053

Ehem. Reihe 310

ehemalige PKP-Nummer	Betriebsnummer der Deutschen Reichsbahn
Pn12-11	16 041

Ehem. Reihe 310.300

ehemalige PKP-Nummer	Betriebsnummer der Deutschen Reichsbahn
Pn12-15	16 042
Pn12-16	16 043
Pn12-18	16 044

Bereits die Besetzung der Rest-Tschechoslowakei ließ erkennen, dass Hitler zu keiner Zeit daran dachte, die mit ihm geschlossenen Verträge einzuhalten. Der am 22. Juni 1941 erfolgte Überfall auf die Sowjetunion entsprang seinem auf Weltherrschaft ausgerichteten Expansionsdrang zur Durchsetzung seiner perfiden Rassenideologie. Das Vordringen der deutschen Wehrmacht brachte auch Ostpolen in deutsche Hand. Damit gelangten vier weitere Pn11 und 17 Pn12 in den Fahrzeugbestand der Deutschen Reichsbahn, die ebenfalls wie folgt als Baureihe 16 bezeichnet wurden:

PKP-Reihe Pn11

ehemalige PKP-Nummer	Betriebsnummer der Deutschen Reichsbahn
Pn11-3	16 054
Pn11-5	16 055
Pn11-8	16 056

1 Die Umzeichnung der Pn11-3, 5 und 8 erfolgte nur noch buchmäßig. Die ebenfalls vorgefundene Pn11-7 wurde nicht mehr ungezeichnet.

PKP-Reihe Pn12

ehemalige PKP-Nummer	Betriebsnummer der Deutschen Reichsbahn
Pn12-1	16 045
Pn12-2	16 046
Pn12-4	16 047
Pn12-5	16 048
Pn12-6	16 049
Pn12-7	16 050
Pn12-8	16 061
Pn12-9	16 062
Pn12-10	16 063
Pn12-12	16 064
Pn12-13	16 065
Pn12-14	16 066
Pn12-17	16 067
Pn12-19	16 068
Pn12-20	16 069
Pn12-21	16 070
Pn12-22	16 071

Der durch die Ausweitung des Krieges entstandene Lokomotivmangel bescherte der nunmehrigen Baureihe 16 aller drei Varianten noch einmal eine kurze Blütezeit. Die 17 im Russlandfeldzug erbeuteten Maschinen wurden im Reichsbahnausbesserungswerk (RAW) Floridsdorf aufgearbeitet und zusammen mit den Lokomotiven aus den Altbeständen der ehemaligen BBÖ und den in Polen beschlagnahmten Fahrzeugen den Reichsbahndirektionen Wien und Linz zur Dienstleistung zugewiesen. Mit einem Bestand von nunmehr 61 Exemplaren bildeten die 1´C2´-Maschinen die zahlenmäßig stärkste Schnellzug-Gattung auf österreichischem Boden. Die Reichsbahnnummern wurden bei den letzten Zugängen erst 1944 angeschrieben, teilweise liefen die Maschinen jedoch weiter unter ihrer polnischen Bezeichnung.

Von der ehemaligen Reihe 310 waren jeweils 18 Exemplare den Bahnbetriebswerken Wien West, Wien Nord und Wien Ost sowie sieben Loks dem Bw Linz zugewiesen. Die Brotan-Maschinen aus dem Bestand der PKP waren auf Wien West (3), Wien Nord (2) und Wien Ost (5) verteilt. Sie beförderten in der Hauptsache Fronturlauber-, Eil- und Personenzüge. Die ehemalige Reihe 310 wurde aber auch als Schnellzugreserve vorgehalten. Die gewaltige Zunahme der kriegsbedingten Transporte zwang dazu, die großrädrigen Maschinen bald auch im Güterzugdienst und den dort anfallenden Vorspanndiensten zu verwenden, obwohl die Loko-

Pn12
11

Noch mit der polnischen Nummer Pn12-11 und der Anschrift »Ostbahn« aber bereits mit dem angeschriebenen Betriebsgattungszeichen S 36.14 der Deutschen Reichsbahn wartet die ehemalige 310.80 und spätere 16 041 mit neuen Radsätzen in Wien Ost auf weitere Einsätze. Im Führerhaus ist der im Zweiten Krieg vorgeschriebene Lichtschutzvorhang zu erkennen. Die Aufnahme entstand 1942 im Bw Wien Ost.
Foto: Zell, Slg. Neudert

1915 von der kkStB bestellt und 1918 abgenommen, kam die Brotan-Kessel-Lok 310.302 erst im Zweiten Weltkrieg auf österreichischen Strecken zum Einsatz, nachdem sie zuvor dreimal den Besitzer gewechselt hatte: 1918 nahm die Preußische Staatsbahn die Maschine als S 11 Berlin 1304 in Betrieb. Die Lok ging mit Abtretung Ostoberschlesiens 1921 an die Polnische Staatsbahn über, die die Maschine als Pn12-15 diente. Von der Deutschen Reichsbahn »heim ins Reich« geholt, tat sie als 16 042 bis 1944 Dienst bei der RBD Wien. 1942 führte die Lok noch immer ihre polnische Nummer mit dem Zusatz »Deutsch«.

Foto: Slg. Knipping

Noch einmal Pn12-15 vor dem Lokschuppen im Bw Wien Ost am 8. Februar 1942: Die beiden hohen Dome unterscheiden die Brotan-Loks deutlich von den Standard-310ern.

Foto: Zell, Slg. Knipping

motiven unterhalb von 60 km/h extrem unwirtschaftlich arbeiteten. Die 310er des Bw Wien Ost beförderten Schnellzüge bis Preßburg und Hegyeshalom. Sie lösten dabei 1942 dort die Baureihe 33^1 (ex Reihe 113 der BBÖ) ab und übernahmen auch die Korridorzüge Wien–Berlin–Königsberg durch das Protektorat auf dem 244 km langen Abschnitt von Wien West bis Wildenschwert (heute Ustí nad Orlice). Aushilfsweise bespannten die Adriatics auch die Korridorzüge auf der 330 km langen Strecke über Oderberg (Bodumín). Mit einem Fernpersonenzug liefen die Schnellzugloks auch Brünn an. Es wird berichtet, dass sich in Lundenburg (heute Břeclav) und Prerau (Přerov) gelegentlich ehemalige 310er dreier Verwaltungen begegneten: als Baureihe 16 der Deutschen Reichsbahn sowie als Reihe 375.0 der BMB und der SŽ.

Als im Zuge der Rückführung von Lokomotiven aus den durch den Rückzug der deutschen Truppen geräumten Ostgebieten und durch die laufenden Neulieferungen von Kriegslokomotiven für den stark eingeschränkten und auf eine allgemeine Fahrgeschwindigkeit von 80 km/h herabgesetzten Reiseverkehr geeignetere Traktionsmittel zur Verfügung standen, wurden die in der Unterhaltung aufwändigen 16er bis Ende 1944 aus dem Verkehr zurückgezogen. Die nicht mehr benötigten Maschinen wurden an verschiedenen Orten hinterstellt.

Die beabsichtigte Abgabe der Baureihe 16 an die RBD Hannover kam nicht zustande. Insgesamt neun Lokomotiven – 16 023, 025, 038, 041, 047, 049, 050, 069 und 070 – wurden im Juli 1944 an die RBD Mainz überstellt, von wo sie, zu fahrbaren Dampfspendern umgebaut, an die Marinedepots

Nordholz bei Cuxhaven, Farge und Bremen abgegeben wurden. Die 16 042 hingegen ging an die Forschungsgesellschaft Frankfurt (Main) und die 16 047 wurde dem Bw Darmstadt-Kranichstein zugewiesen. Beide Maschinen befanden sich an diesen Orten auch nach Ende des Zweiten Weltkrieges, wo sie dann schließlich ausgemustert und verschrottet wurden.

Mit dem Vormarsch der alliierten Truppen in Italien und dessen Abfall vom Bündnis mit Hitler-Deutschland rückte Österreich immer mehr in die Reichweite der amerikanischen Bomberverbände. Im Herbst 1943 begann die systematische Bombardierung von Industrie- und Eisenbahnanlagen aber auch städtischer Wohngebiete. Die ab Ende 1944 fast täglich geführten Luftangriffe entfalteten eine ungeheure Zerstörungskraft, die bis Kriegsende tausende Todesopfer forderte. Bahnhöfe wurden zu Ruinen, Gleisanlagen zu Kraterlandschaften und Tiefflieger machten Jagd auf fahrende Züge und alles, was sich bewegte. Am 31. März 1945 überschritten Einheiten der Roten Armee die damalige Reichsgrenze im Burgenland. Auf ihrem Rückzug richteten die deutschen Truppen durch die Sprengungen von Brücken, Gleis- und Signalanlagen weitere sinnlose Zerstörungen an. Als am 8. Mai 1945 die Waffen schwiegen, lag ein Großteil Europas im Chaos danieder.

Umgezeichnet in 16 042 präsentiert sich die ehemalige Pn12-15 auf der Drehscheibe des Bw Wien West. Am 17. Juli 1944 wurde sie mit anderen Maschinen ihrer Gattung zur Verwendung als Dampfspender in die RBD Mainz abgefahren.
Foto: Zell, Slg. Neudert

Pn 12 15

Als die Pn12-15 im Bw Wien Ost 1941 ihre Wasservorräte ergänzte, trug die Lok noch ihre alte polnische Nummer.

Foto: Zell, Slg. Neudert

Mit neuer »Visitenkarte« ist die 16 042 einsatzbereit in Wien West. Noch immer verbreiten die prächtigen Bürgerhäuser im Hintergrund die Aura der kaiserlichen Residenz.

Foto: Slg Wunschel

Als der Zweite Weltkrieg in seine letzte Phase trat, stand am 17. Juli 1944, drei Tage vor dem Attentat auf Hitler, in Wien Westbahnhof der Lokzug aus 16 047 (ex 310.18 ex Pn12 - 4), gefolgt von einer Brotan-Lok, einer weiteren 310er, an vierter und fünfter Stelle wieder zwei Brotan-Loks und am Schluss eine weitere Standard-310er zum Abtransport in die RBD Mainz bereit.

Foto: Slg. Wunschel

10. Die letzten Einsatzjahre

Wie Deutschland wurde auch Österreich in vier Besatzungszonen aufgeteilt mit einer gemeinsamen Verwaltung der Hauptstadt Wien. Der Eiserne Vorhang, der die Welt für 45 Jahre in zwei politisch und weltanschaulich feindliche Lager trennte, verlief auch quer durch Österreich. Mit der »Moskauer Deklaration« vom 1.November 1943 war Österreich die Wiederherstellung eines eigenen Staatswesens zugesichert worden, dessen Neugründung von der provisorischen Regierung unter Karl Renner verkündet und von der Alliierten Kontrollkommission anerkannt wurde.

Der Stolz der einstigen kaiserlich-königlichen Staatsbahnen hat ausgedient: Die ehemalige 210.03 (Floridsdorf 1.927/1908), als Pn 11-2 von der PKP auf Heißdampf umgebaut, fand sich 1941 in ihrer alten Heimat wieder. Als sowjetische Beutelok T 16 051 der »Ostbahn«, der deutschen Bahnverwaltung im besetzten Polen, war sie bis zum 11. November 1948 in Wien West hinterstellt. Das Vorhaben, sie für das österreichische Eisenbahn-Museum zu erhalten, wurde von der Besatzungsmacht vereitelt. Die Lok wurde rückgeführt und erhielt die neue PKP-Bezeichnung Pn 11-6.

Foto: Verlag Slezak, Slg. Neudert

Ihr letzter Lebensabschnitt: Die 16 035 (ex 310.84) gewinnt Ostern 1952 unter der Fußgängerbrücke am Rangierbahnhof Penzing mit einem Personenzug an Fahrt. 1950 war die Lok von Linz nach Wien gekommen.
Foto: H. Fröhlich, Slg. Schröpfer

Noch vor Kriegsende hatte trotz der massiven Zerstörungen die Eisenbahn ihre Arbeit wieder aufgenommen und am 1. November 1945 konnte bereits eine Generaldirektion der Österreichischen Staatsbahnen eingerichtet werden. Am 5. August 1947 erfolgte schließlich die Neugründung der Österreichischen Bundesbahnen – nun unter dem Kürzel »ÖBB« – mit einem eigenen, zunächst provisorischen Fahrzeugpark. Von den 40 aus dem BBÖ-Bestand stammenden Maschinen der Baureihe 16 befanden sich bei Kriegsende noch 29 Exemplare in Österreich. Drei Maschinen, die 16 023, 025 und 038, waren an militärische und zivile Betriebe im Altreich abgegeben worden. Die 16 013 und 016 hatte man nach einem Unfall bzw. Bombenschaden ausgemustert. Fünf Adriatics befanden sich nach Kriegsende auf dem Gebiet der wiedererstandenen Tschechoslowakei. Dazu gehörten 16 001, 003, 006, 015 und 018. Die ČSD bezeichneten die 16 003, 006 und 015 provisorisch als 375.0500, 0501 und 0502 und reihten sie in ihren Fahrzeugpark ein. Die 16 026 verblieb nach 1946 in Ungarn, während drei weitere ehemalige 310er in Westdeutschland ihr Ende fanden.

Die 22 in der sowjetischen Zone Österreichs vorhandenen 16er wurden von der Roten Armee als Beute deklariert und entsprechend mit einem »T« für »Trofea« (deutsch: Beute) vor der Nummer und dem Emblem der sowjetischen Eisenbahnen gekennzeichnet. Auf Anordnung der sowjetischen Besatzungsmacht wurden 1948 fünf ehemalige polnische Pn12, dabei handelte es sich um die

16 041, 061, 062, 063 und 064, in die UdSSR abgefahren. Außerdem wurden 18 in Breitenlehe abgestellte Maschinen aus dem ehemaligen BBÖ-Bestand in Enzensfeld verschrottet.

Von der ehemaligen Reihe 310, die weiterhin als Reihe 16.0 firmierte, war nach Kriegsende nur die 16 032 betriebsfähig, die am 1. September 1946 auf der Westbahn in Betrieb genommen wurde, aufgrund ihres schlechten Zustandes aber bald wieder abgestellt werden musste. Von den sieben in der amerikanischen Besatzungszone (Direktion Linz) verbliebenen Maschinen – 16 004, 005, 008, 020, 033, 035 und 040 – musste die 16 033 wegen schwerer Kriegsschäden ausgemustert werden. Die 16 004, 020 und 035 hingegen konnten nach einer Hauptausbesserung in der Hauptwerkstätte Floridsdorf ab 1950 wieder dem Heizhaus Wien West zur Dienstleistung auf der Westbahnstrecke zur Verfügung gestellt werden. Die beiden Letztgenannten waren zeitweilig auf Ölfeuerung umgestellt. Nach nur wenigen Wochen wurden sie nach Mürzzuschlag abgegeben, von wo die Maschinen neben Personenzügen leichte Triebwagenersatzzüge über den Semmering zu führen hatten. Die 16 004 und 16 005 wurden 1951 nach Villach und die 16 018 nach Graz umgesetzt. Das Gastspiel der 16 018 in Graz dauerte nur kurze Zeit, denn bereits im Februar 1952 wurde sie ebenfalls nach Villach versetzt. Dort wurden die ehemaligen 310er aber nur noch sporadisch eingesetzt. Die herausra-

Die 16 035 (ex 310.84) mit einer weiteren Lok ihrer Gattung unterwegs mit einem Schnellzug im Wiener Wald. Vom einstigen Glanz ist nicht viel übrig geblieben. Das Bild entstand um 1952.

Foto: Krauss, Slg. Neudert

Für die schwierige Westbahntrasse erwies sich die vierfach gekuppelte polnische Schnellzuglok-Type Pt 31 (Baureihe 19^1 der Deutschen Reichsbahn) als besonders geeignet. Doch in manchen Fällen bedurfte auch sie einer helfenden Hand. Die 16 020 (ex 310.54) leistet 1951 der 19 158 Vorspanndienst vor einem aus Wien West ausfahrenden Schnellzug unter dem Rustensteg.
Foto: Krauss, Slg. Neudert

gendste Leistung dieser Zeit war die Beförderung des schweren D 580/581 Wien–Rom (–Venedig) zwischen Villach und Travis. Im September 1952 verloren die in Wien West stationierten 16 020 und 035 durch die fortschreitende Elektrifizierung ihr Einsatzgebiet.

Noch im selben Jahr standen die Villacher Maschinen letztmals unter Dampf. Dessen ungeachtet wurden alle fünf Adriatics noch in das neue Nummernschema der ÖBB aufgenommen, wobei bei der Reihe 16 lediglich die Ordnungsnummer um die erste Ziffer, die »0«, verkürzt und von der Reihenbezeichnung durch einen Punkt getrennt wurde. Die Entscheidung über die Ausmusterung der letzten Exemplare der ehemaligen Reihe 310 fiel erst nach Jahren: 1956 musterten die ÖBB die 16.20 und 35 sowie 1957 die 16.04 und 05 aus. Von der Verschrottung verschont blieb lediglich die 1956 in den Stand einer Vorheizanlage versetzte und als Vz 900.744, später als 01015 bezeichnete 16.08. Nur diesem glücklichen Umstand ist es zu verdanken, dass wenigstens ein Exemplar dieser bemerkenswerten Bauart der Nachwelt erhalten geblieben ist und nach einer längeren Zeit eines wenig beachteten Daseins zu neuem Leben erweckt werden konnte.

11. Die Reihe 310 im Spiegelbild ihrer Zeit

Wie so manch andere prominente Dampflokomotiv-Bauart wird auch die Reihe 310 recht unterschiedlich beurteilt. Selbst zu ihrer äußeren Erscheinung schwankten die Meinungen zwischen *»schönster Lokomotive aller Zeiten«* und *»hässlicher Gurke«*. Für den in seinen jungen Jahren von technischem Fachwissen noch unbelasteten Autor war sie jedenfalls ein Gegenstand höchster Bewunderung, und jede Fahrt mit einem von ihr gezogenen Zug wurde zu einem beglückenden Erlebnis.

Doch wie stand es mit ihren Betriebseigenschaften und ihrem Leistungsvermögen, etwa im Vergleich zu den zeitgenössischen Bauarten anderer Bahnverwaltungen, zum Beispiel den deut-

Als Gast reiste die 310.23 zu der 125-Jahrfeier der Bahnwerkstätten České Velenice (1. Oktober 1994).
Foto: Schröpfer

schen Pacifics. Gewiss sind solche Vergleiche stets gewagt, denn jede Lokomotiv-Bauart sollte eigentlich an den betrieblichen Anforderungen ihrer Verwaltung unter Berücksichtigung der topografischen Verhältnisse ihres Einsatzgebietes gemessen werden. Doch kann bei einer umfassenden Beurteilung das mit ihr Erreichte, gemessen am Stand der Technik ihrer Zeit, nicht außer Betracht bleiben. Wie schon eingangs erwähnt, entstand die weltweit einzige 1´C2´-Schlepptenderlokomotive als Alternativlösung zu der Ende des ersten Jahrzehnts des 20. Jahrhunderts als das Non-Plus-Ultra angesehenen 2´C1´-Bauart für die Beförderung der an Masse stark angewachsenen Schnellzüge.

Die Frage, ob die Reihe 310 nun ein Erfolg war, würde wohl am treffendsten Radio Eriwan beantworten: *»Im Prinzip ja, aber ...«* In Anbetracht der konterkarierenden Forderungen, die Karl Gölsdorf unter einen Hut zu bringen hatte, kann man seine Lösung aus der Sicht seiner Zeit als gewagtes und gelungenes Experiment anerkennen. Es versteht sich dabei von selbst, dass ein mehrfacher Kompromiss niemals optimale Werte hervorbringen kann. Gegenüber der bayerischen S 3/6 (Baureihe 18^{4-5} der DRG), die drei Jahre vor der Reihe 310 ihr Debüt gab, wie auch gegenüber der ein Jahr jüngeren württembergischen Klasse C (Baureihe 18^{1} der DRG), die beide der gleichen Größen- und Gewichtsklasse angehören, war der Kessel der Gölsdorfschen Konstruktion etwas kleiner dimensio-

Der Sonderzug »Belle Epoque« der Österreichischen Gesellschaft für Eisenbahngeschichte (ÖGEG) verlässt am 3. Oktober 1994 České Velenice mit einem Sonderzug in Richtung Wien. Der alte Semaphor und die hohen Weichelaternen verbreiten noch altösterreichische Eisenbahnatmosphäre.

Foto: Wunschel

Anlässlich des 125-jährigen Jubiläums der Bahnwerkstätten Česke Velenice hatte die 310.23 die Ehre, zusammen mit der 2´D1´h3-Schnellzuglok 498.022 der ČD im Plandampfbetrieb den Schnellzug R 270 »Smetana« Prag–Wien auf dem Teilstück ihrer einstigen Stammstrecke von Veselí bis Gmünd zu führen (1. Oktober 1994).
Foto: Turnwald.

niert, verfügte aber, dem heimischen Kohlenangebot angepasst, über einen größeren Rost, dem über Luftfangtaschen reichlich Verbrennungsluft zugeführt wurde. Die Bedeutung der Sauerstoffzufuhr zum Rost wurde damals von vielen Konstrukteuren nicht gebührend berücksichtigt, sodass sich nicht selten Ratlosigkeit breit machte, wenn Kessel mit reichlicher Heizfläche nicht die erwartete Verdampfungsleistung erbrachten. Hierin bewies Gölsdorf einen zukunftsweisenden Blick.

Trotz ihrer großen Treibräder, die die Eignung der Reihe 310 für Hügellandstrecken stark einengte, blieb ihre Höchstgeschwindigkeit auf 100 km/h beschränkt, wogegen die Höchstgeschwindigkeit der süddeutschen Pacifics auf 120 km/h angehoben wurde (Treibraddurchmesser Reihe 310: 2.140 mm, S 3/6: 1.870 mm; württembergische C: 1.800 mm). Es lag aber nicht in Gölsdorfs Absicht, in bis dahin nicht zugelassene Geschwindigkeitsbereiche vorzustoßen, sondern Spareffekte durch niedrige Triebwerksdrehzahlen zu mobilisieren. Dass dies nicht ganz gelang, lag an der wenig geglückten, unter extremen Sparzwang erfolgten Schieberkonstruktion, die sich als der größte Schwachpunkt der Lokomotive erwies. Durch die hemmende Achsdruckhürde von 14,5 t stand die Reihe 310 auch mit ihrem Treibgewicht von nur 43,5 t den deutschen und französischen Pacifics nach. Anders als bei diesen konnte wegen des nach vorn verjüngten Kessels auch der zu kleine Über-

Ankunft des R 270 am 1. Oktober 1994 in České Velenice.
Foto: Schröpfer

hitzer nachträglich nicht vergrößert werden, was sich nachteilig auf die Wärmewirtschaft der 310 auswirkte. War die Reihe 310 für die Beförderung einer Zugmasse von 360 t in der Ebene ausgelegt, so nahmen laut Leistungstabelle die S 3/6 immerhin 650 und die württembergische C 600 t an den Haken. Selbst die kleinere preußische S 10.1 (Baureihe 17^{10} der DRG) schaffte als 2´Ch4v-Maschine 580 t.

Seitens der Personale wurden auch Klagen laut

über das knapp bemessene Führerhaus, das nur unzureichenden Schutz bot, sowie über den schwergängigen Seitenzugregler, der es dem Lokführer schwer machte, ein Fingerspitzengefühl zu entwickeln. Doch all dies hatte die Reihe 310 auch mit vielen anderen Lokomotiven ihrer Zeit gemeinsam und sollte in der Rückschau nicht überbewertet werden. Zwar krönte die 310 nicht Gölsdorfs Lebenswerk , wie gelegentlich behauptet wird, misslungen ist sie aber keineswegs. Man wird der 1´C2´-Maschine wohl am ehesten gerecht, wenn man sie einfach als das betrachtet, was sie war: Das zwangsläufige Produkt der die Konstruktionsfreiheit einschränkenden Forderungen ihrer Zeit.

In den schweren Zeiten des Zweiten Weltkrieges hat sie ihre wirklichen Qualitäten unter Beweis gestellt. Bei den von ihr beförderten Korridor-Schnellzügen Wien–Berlin traten auch bei der Verfeuerung minderwertiger Kohle weit weniger Zuglaufstörungen auf als bei den für hochwertigen Brennstoff ausgelegten deutschen Baureihen 03 und 17^{10}. Hören wir noch, wie ein hochrangiger Dampflokomotiv-Konstrukteur, der Schöpfer der britischen Einheitslokomotiven von 1951, E. S. Cox, in seinem Werk »World Steam in the Twentieth Century« über Gölsdorfs Problemlösung mit der Reihe 310 urteilt: *»As the required capacity increased, weight was again saved, and the necessary space for wide firebox and generous ashpan capacity was won by using the 2-6-4 wheel arrangement, eliminating their leading four-wheeled bogie. Even these measures were not enough, and they had to be supplemented by the lightest and most flexible main frames and other mechanical parts which the designer´s experience and courage permitted, and the larger wheeled engines (...) were the first built in Europe to eleminate splashers, to cut foot framing to the very bone, an even to cut away the cab-side sheets at the bottom where the driver was not occupying the space. As the culmination of these developments, Gölsdorf´s 2-6-4 engine of 1908 was a positive 'tour de force'. This powerful machine with a large superheated bolier piched 9 ft. 7 3/8 in. (2.930 mm) above rail, 49,7 sq. ft. (4,62 m2) of great area, 6 ft. 10 5/8 in. (2.100 mm) diameter coupled wheels, four cylinders 15 3/8 in. (390 mm) and 26 in. (660 mm) diameter for hp and lp respectivley, and weighing 84,3 tons (86 Tonnes) all up, still only exceeded the statuary weight of 14 Tons on each coupled axle by 7 cwt (0,4 Tonnes). Before war shattered the Austrian-Hungarian Empire into ist component parts, there was thus a strikingly individual and varied locomotive scene.«*[1]

Die Anerkennung, die Karl Gölsdorfs Werk in diesen Ausführungen zuteil wurde, spricht für sich. Seine Idee von der umgekehrten Pacific lebte erneut

1 Übersetzung des Zitats *»Während die erforderliche Kesselleistung wuchs, wurde erneut Gewicht eingespart und der notwendige Raum für die breite Feuerbüchse und die reichliche Aufnahmefähigkeit des Aschkastens wurde durch die 1´C2´-Radsatzfolge gewonnen, welche ein führendes zweiachsiges Drehgestell ausschloss. Doch reichten auch diese Kunstgriffe nicht aus. Sie mussten durch den leichtesten und anpassungsfähigsten Rahmen und ebensolche mechanischen Teile ergänzt werden, soweit die Erfahrung und der Mut des Konstrukteurs dies erlaubten. Die Maschinen mit den größeren Rädern (gemeint ist die Reihe 310 gegenüber der Reihe 110; Anmerkung des Autors) ... waren die ersten in Europa ohne Radschutzkästen, bei denen der Umlauf auf das Mindestmaß beschränkt wurde und sogar die Führerhausseiten unten soweit beschnitten wurden, als der Raum vom Führer nicht benötigt wurde. Als Höhepunkt in dieser Entwicklung erschien Gölsdorfs 2´C1-Lokomotive von 1908 als ein wirkungsvoller Kraftakt. Diese kräftige Maschine mit ihrem großen Heißdampfkessel, der auf die Höhe von 2.930 mm über Schienenoberkante angehoben worden war, eine Rostfläche von 4,62 m^2, Treibräder von 2.100 mm, vier Zylinder von 390/660 mm für die Hoch- und Niederdruckstufe aufwies und in allem nur 86 Tonnen wog, überschritt die geltende Achslastbegrenzung von 14 Tonnen nur um 0,4 Tonnen. Bevor der Krieg die österreichisch-ungarische Monarchie in ihre Bestandteile aufsplitterte, herrschte eine eindrucksvolle und individuelle Lokomotivszene von großer Vielfalt vor.«*

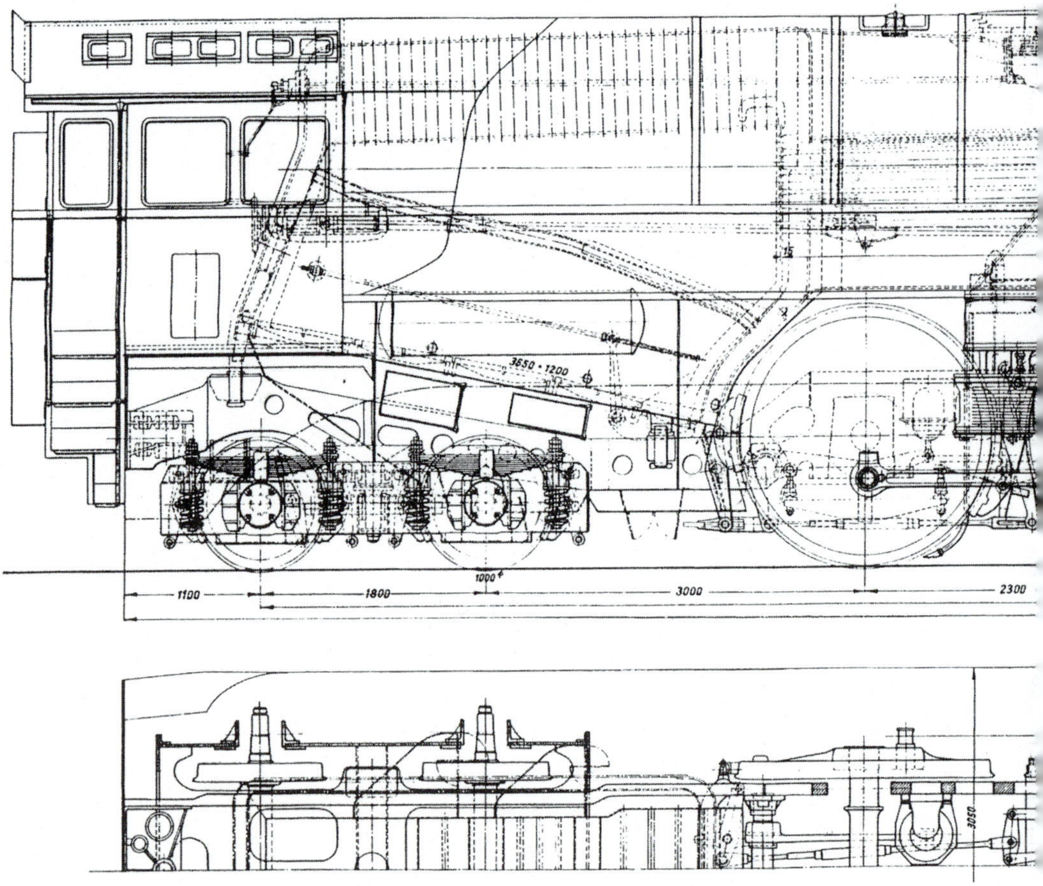
3650 · 1200
1100
1800
1000
3000
2300
3050

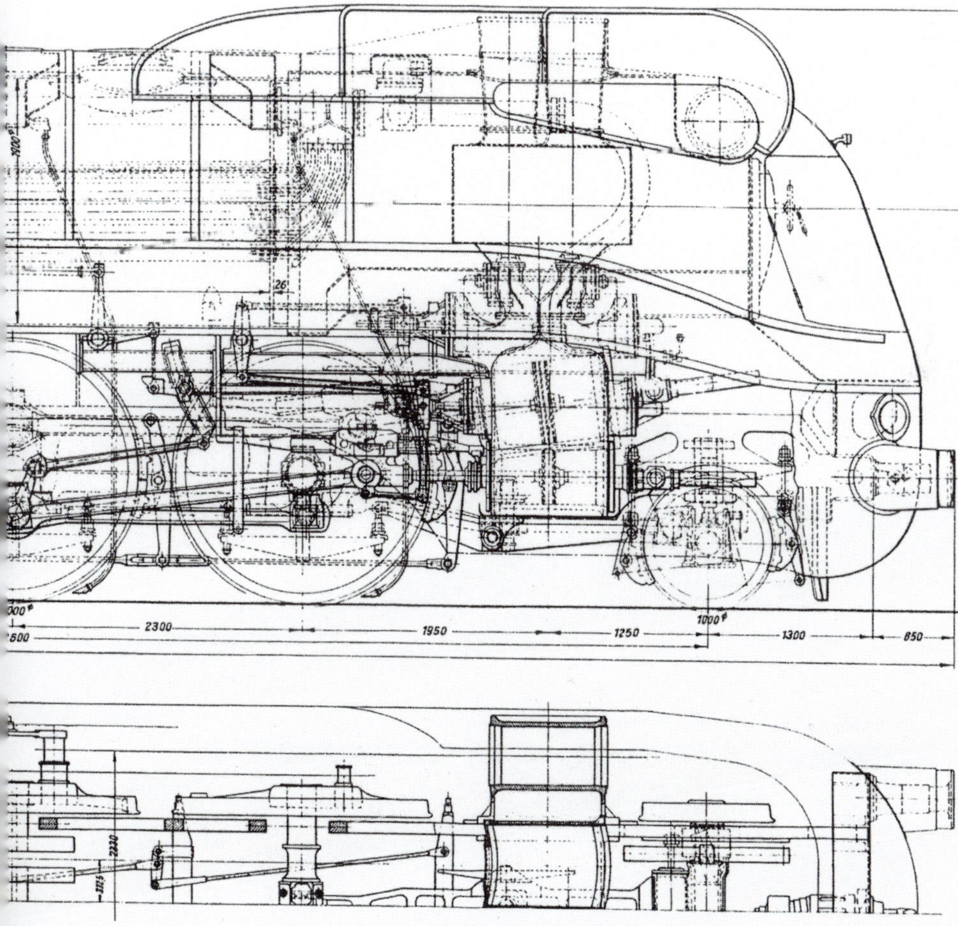

So sah das Projekt der Borsig-Lokomotivwerke für eine 1´C2´h4v-Schnellzuglokomotive mit Zweiachsantrieb für die Deutsche Reichsbahn aus.

Abbildung: Slg. Schröpfer

auf, als in den 1920er-Jahren die Beschaffung einer stärkeren Schnellzuglokomotive für die Westbahn anstand. Zur Diskussion stand eine 1´C2´, nun mit 16 t Achsfahrmasse, mit Drillings- oder Vierzylinder-Verbundtriebwerk. Da der Betriebsmaschinendienst im Hinblick auf die Tendenz zu weiter steigenden Zuggewichten eine vierfache Radsatzkupplung verlangte, wurde das Projekt auf die Achsformel 1´D2´erweitert und in Gestalt der Reihen 114 (Drilling) und 214 (Zwilling) realisiert.

Mit dieser Entscheidung war aber der Gedanke an eine 1´C2´-Bauart noch längst nicht gestorben. Im Streben nach einer höheren spezifischen Kesselleistung ließ die Deutsche Reichsbahn Ende der 1930er-Jahre bei den Borsig-Lokomotivwerken (BLW) den Entwurf einer 1´C2´ in den Varianten als Drilling und als Vierzylinder-Verbundmaschine für eine Leistung von mindestens 3.100 PS ausarbeiten. Die angesetzte Vergrößerung der Strahlungsheizfläche sollte nicht durch eine Verbrennungskammer, sondern durch eine lange, schmale Feuerbüchse nach altem preußischen Vorbild erreicht werden. Da der 4,5 m lange Rost nicht in voller Länge von Hand hätte beschickt werden können, Stoker- und Ölfeuerung in Deutschland aber noch nicht erprobt waren, sollte der Rost eine starke Neigung erhalten. Die Kohle sollte durch die Fahrbewegung von selbst den vorderen Teil des Rostes erreichen. Die reichliche Zufuhr von Verbrennungsluft war ein weiterer wichtiger Aspekt der Konstruktion. Der Ausbruch des Zweiten Weltkrieges vereitelte die Realisierung dieses interessanten, bis zur Konstruktionsreife fortgeschrittenen Projekts, das in guter Gölsdorf´scher Tradition eine große, durch ein Drehgestell gestützte Feuerbüchse und – zumindest in einer Variante – ein Vierzylinder-Verbundtriebwerk vorsah. Es bleibt der Spekulation überlassen, ob mit der Wiederbelebung von Gölsdorfs Gedankengut dem in den überholten Prinzipien des amtierenden Bauart-Dezernenten Richard Paul Wagner (Langrohrkessel, einfache Dampfdehnung, Zwillingsmaschine) erstarrten deutschen Dampflokomotivbau eine neue Perspektive eröffnet worden wäre oder die Pläne in einer Sackgasse geendet hätten.

Hauptabmessungen zu den Borsig-Projekten einer 1´C2´ h4v-Schnellzuglokomotive

	Einachsantrieb	Zweiachsantrieb
Hochdruckzylinder mm	2 x 440	2x 460
Kolbenhub mm	625	670
Treibraddurchmesser mm	2.000	2.000
Laufraddurchmesser mm	1.000	1.000
Fester Radstand mm	2.300	2.300
Gesamtradstand mm	12.600	12.600
Dampfdruck kp/cm²	20	20
Rostfläche m²	4,38	4,38
Verdampfungsheizfläche m²	218,33	218,33
Strahlungsheizfläche m²	27,80	27,80
Überhitzerheizfläche m²	88,59	88,59
Leergewicht t 106,5	106,5	106,3
Dienstgewicht t	116,9	116,9
Reibungsgewicht t	60,9	60,9
Höchstgeschwindigkeit km/h	150	150
Tender	5T38 St	5T38 St

12. Rückschau

Wie immer auch das mehr oder weniger subjektive Urteil über die Technik und die Betriebseigenschaften der österreichischen Reihe 310 ausfallen mag, die Faszination, die von dieser Maschine ausging, war und ist einmalig und auch heute, Jahrzehnte nach dem offiziellen Ende des Dampfbetriebes, ungebrochen. Jeder Eisenbahnfreund, der einmal vor den übermannshohen Treibrädern der 310 stand und durch ihre filigranen Speichen einen Blick auf den inneren Teil ihres Triebwerks werfen durfte, und dann auf ihren in der Sonne glänzenden glatten Kessel mit dem messingumrandeten Dampfdom emporblickte, war von dem Eindruck überwältigt und verlor keinen Gedanken an Wirkungsgrade und Verbrauchszahlen. Wie keine andere Dampflokomotive strahlt sie auch nach neun Jahrzehnten noch immer etwas von der »Goldenen Epoche« der Eisenbahn aus.

Vor dem geistigen Auge erleben wir noch einmal die Ausfahrt des »Arlberg-Expreß« aus der spitzgie-

Rast vor der Drehscheibe des Heizhauses České Velenice am 2. Oktober 1994: Die 310.23 ist frankiert von der 1´Eh2-Güterzuglokomotive 534.0323 (Škoda 1945) und der 2´D1´h3-Schnellzuglokomotive 498.022 (Škoda 1947) der ČD.

Foto: Schröpfer

Gemütlich schmauchen vor dem Heizhaus in České Velenice am 1. Oktober 1994 die 310.23 und die 498.022 vor sich hin.

Foto: Neudert

beligen Halle des Wiener Westbahnhofes, eine Symphonie in Nachtblau und goldenen Lettern, eingehüllt in eine weiße Dampfwolke, die nach dem Schließen der Zylinder-Entwässerungsventile den Blick auf die geduckt wirkende, im Sonnenlicht glänzende Lokomotive frei gibt. »310.20« ist in blanken Messingziffern auf ihrem Nummernschild zu lesen. Immer schneller drehen sich die drei Paare mächtiger Treibräder mit den filigranen Speichen im Rhythmus des sich überkreuzenden Antriebs- und Steuerungsgestänges, begleitet von den verhaltenen Auspuffschlägen des Verbundtriebwerks.

Der Autor erinnert sich an seine erste Fahrt in einem D-Zug von Prag in den Böhmerwald im Alter von acht Jahren im Sommer 1936. Die elektrische Rangierlok hatte gerade behutsam die lange Wagengarnitur des Schnellzuges 41 nach Paris und Zürich an den nördlichen Bahnsteig geschoben. Vater hatte den Zugschaffner mit ein paar Kronen bestochen, damit er uns ein Abteil frei hält, eine damals durchaus übliche Praxis, wenn man versäumt hatte, Platzkarten zu besorgen. Nachdem das umfangreiche Handgepäck im Abteil des 3. Klasse-Wagens altösterreichischer Bauart verstaut war und nun durch Mutters wachsames Auge behütet wurde, ging Vater mit mir nach vorn zur Lokomotive. Von ihr war aber noch nichts zu sehen. Doch dann näherte sich vom Gleisvorfeld die Rückwand eines Tenders mit einem hoch aufgetürmten Kohlenberg und eigenartig abgestuften Seiten. Fast lautlos berührten sich die Puffer. Mit geübten Handgriffen schloss der Rangierer Kupplung und Bremse an. Doch meine Blicke waren bereits nach vorn gerichtet. Noch nie hatte ich eine Lokomotive mit solch riesigen Rädern gesehen, die meinen Vater um fast zwei Haupteslängen überragten. Über ihnen türmte sich aus der Perspektive des Kindes die in der Sonne glänzende Masse des Kessels, in dessen Mitte ein niedriger Dampfdom thronte. Von der Tenderbrücke hangelte sich der Heizer herab, um die Stangenlager noch einer letzten Kontrolle zu unterziehen, während der Meister seinen Blick von oben über den Bahnsteig schweifen ließ. Aus dem elegant geformten Kamin mit dem blanken Messingring quoll sich verdichtender Qualm in den Sommerhimmel – ein Anzeichen für ein letztes Kräftesammeln vor der Abfahrt. Plötzlich, wie durch einen Donnerschlag, wurde ich aus meinen verträumten Betrachtungen gerissen. Mit schmerzhaft scheidendem Zischen entluden die Sicherheitsventile in mehreren aufeinander folgenden Stößen den sich im Kessel angestauten Überdruck. Vor Schreck schlug mir das Herz bis zum Halse, doch ein beruhigendes Lächeln des Heizers bannte die aufkommende Panik. Mit Putzwolle fuhr er über die Griffstangen und das messingumrandete Nummernschild mit den magischen Ziffern »375.0..«. Letztes Türenschlagen entlang des Zuges, der Rotbemützte wartete auf den Zeigersprung der Uhr. Es war höchste Zeit, das nahe Abteil aufzusuchen, in dem Mutter schon unruhig geworden war. Mit dem Bild der mächtigen wie eleganten Lokomotive vor Augen ging es auf meine erste D-Zug-Reise. Dieser Eindruck ist für mich bis heute lebendig geblieben.

Dieser ersten Begegnung sollte noch manch weitere folgen. Bis aller Glanz, auch der unserer 310,

Seite an Seite mit der 56.3115 (1´Dn2v) wartet 1987 die 310.23 in ihrem Zuhause, dem Heizhaus Strasshof, auf neue Einsätze.
Foto: Wunschel

LAXENBURG - BIED
310.23
16
9

Während einer Nostalgiefahrt passiert die 310.23 im Sommer 1987 den Bahnhof Laxenburg auf der Aspangbahn.
Foto: Wunschel

die dann als Reihe 16 firmierte, erlosch. Was von ihrem einstigen Nimbus noch erhalten geblieben war, schwand unter den Symptomen einer langen Agonie. Doch selbst unter widrigen Umständen hat die mittlerweile 40-jährige noch letzte gute Dienste für den Wiederaufbau und den Übergang in ein neues, friedlicheres Eisenbahnzeitalter geleistet.

Lassen wir am Ende unserer rückschauenden Betrachtung noch den aus zahlreichen Büchern und Beiträgen bekannten Globetrotter in Sachen Eisenbahn, Dr. Fritz Stöckl, zu Wort kommen, der in seinem Essay »Die 310er«[1] wohl vielen Freunden dieser Lokomotive aus der Seele sprach, die in ihrem Charakter so einmalig, so unverwechselbar, so urwüchsig österreichisch war und ist wie das Riesenrad im Wiener Prater, der Kaiserwalzer und die Sachertorte: *»In bald eineinhalb Jahrhunderten Eisenbahngeschichte habe sich unzählige Lokomotivtypen entwickelt (...), und so wie auch unter Tausenden Menschen vielleicht einer als wirklich schöner Mensch hervorgeht, so gibt es auch unter den vielen Dampfmaschinentypen hin und wieder eine Spitzenleistung. So gehört nach meinem höchstpersönlichen und für andere natürlich ganz unmaßgeblichen Urteil zu den schönsten Lokomotiven (...), die alte österreichische 310er.*

Die 310er ist die letzte und gelungenste Schöpfung eines genialen Lokomotivbauers, sie ist zugleich die Beendigung eines Lebenswerkes, dessen Krönung er nicht lange überlebt hat. (...) Gölsdorfs Hauptwerk war die Entwicklung und Vollendung der österreichischen Schnellzuglokomotive. (...)

Die Züge wurden immer länger und schwerer, eine sechsachsige Schnellzuglokomotive wurde notwendig. Warum Gölsdorf nicht den klassischen Typ der Pacific baute, sondern bei der 210er und 310er die Pacific-Achsfolge einfach umdreht (1C2-Typ »Adriatic«), hatte seinen guten Grund : Die verwendete Kohle besaß relativ geringen Heizwert, erforderte daher eine große Rostfläche und einen großen Kessel. (...)

Ich hatte eingangs gesagt, daß jeder Eisenbahnfreund seine besondere Vorliebe für diese oder jene Type hat. Mir lag und liegt die 310er am meisten am Herzen. Ich sah sie erstmals im Bewußtsein schon anfangs der zwanziger Jahre, als halbwüchsiger, wenn ich von zu Hause zum nahen Hütteldorfer Bahnhof 'pilgerte' – mit gewaltiger Rauchfahne mächtig arbeitend dampfte sie mit dem Orient-Express oder mit einem anderen Schnellzug vom Westbahnhof heraus und in die Ferne davon; oder sie hielt von Westen, von weiter Fahrt kommend, aufatmend an, als wüßte sie, daß ihre mühsame Reise in wenigen Minuten zu Ende sei. Ich sah die 310er im Zweiten Weltkrieg, gequält und überfordert vor schweren Güter- und Militärzügen auf der Wiener Verbindungsbahn.

Und dann sah ich die letzte 310er wieder, als sie im Winter 1962 aus Villach heimgekommen und in Hütteldorf abgestellt war: 'Fahrbare Heizanlage 01.105 (16.08) Zugförderungsleitung Villach' war ihre Visitenkarte, aber auch '60 km/h Höchstgeschwindigkeit', denn mehr wäre ihr auf dieser Heimfahrt und in diesem Zustand nicht mehr zuzumuten gewesen: Die Armaturen verrostet, die Kuppelstangen abgenommen im Tender liegend – und selbst in diesem Zustand ein Bild der Stärke und Schönheit! Und dann sah ich sie schließlich wieder, gesäubert und restauriert am Tage des Jubiläums[2] in Deutsch Wagram (..).

Das Zeitalter der Dampflokomotiven ist zu Ende, es war groß und es war schön und seine Romantik wird in unserer Zeit des Elektro- und Dieselbetriebes nicht mehr wiederkehren. In diesem Zeitalter der 'Geliebten Dampflok' mag es größere, mag es stärkere, mag es schnellere gegeben haben – für mich gab es keine schönere als die 310er!«

Wollen wir diesen Zeilen den Wunsch hinzufügen, dass die Letzte ihres Stammes nach erfolgreicher Verjüngungskur über eine museale Präsentation hinaus auch einmal als Hundertjährige die Menschen des 21. Jahrhunderts und 3. Jahrtausends an die große, glanzvolle und unwiederbringliche Blütezeit der Eisenbahn erinnern kann, als noch Könige und Prinzen, Paschas und Industriekapitäne, Agenten und Juwelendiebe ebenso zu ihrer Klientel gehörten wie Arbeiter, Schüler und Marktfrauen.

1 siehe: Lok-Magazin Nr. 7 (Mai 1964), S. 55–63

2 Es handelte sich um die 125-Jahr-Feier der in Österreich

13. Die Traditionslokomotive 310.23

In Österreich blieb lediglich der 310.23 der Weg zum Schneidbrenner erspart. Die heute noch voll betriebsfähige Maschine ist eine der historisch und technisch wertvollsten Dampflokomotiven in Europa.

»Die großen Errungenschaften österreichischer Technikgeschichte bilden zweifellos einen wesentlichen Teil unseres kulturellen Erbes. Die Zeugnisse des technischen Fortschritts zu bewahren und zu erhalten, ist eine große Herausforderung. Das am 17. Juni 1999 wiedereröffnete Technische Museum leistete einen wesentlichen Beitrag dazu, einer breiten Öffentlichkeit und vor allem den jungen Menschen einen Einblick in die großen Leistungen österreichischer Ingenieurskunst zu geben und wichtige Beispiele für technische Innovationen zu präsentieren.

Die 310er ist ein besonders eindrucksvolles Bei-

»Morituri te salutant – Als Todgeweihte grüßen wir dich« – der bekannte Gladiatorengruß kommt einem beim Anblick der in Hütteldorf abgestellten Lokomotive in den Sinn. Ihrer Stangen und Laternen beraubt, wartet die 16.08 auf ihr Ende. Glückliche Umstände haben sie jedoch vor dem Schweißbrenner bewahrt. Bis 1961 wurde sie in Villach noch als Vorheizanlage 900.744 verwendet. Ein Jahr später wurde sie für die 125-Jahrfeier der Eisenbahn in Österreich äußerlich aufgearbeitet und 1974 als Exponat in das Freigelände des Technischen Museums in Wien aufgenommen. Schließlich wurde die Maschine zum 150. Jubiläum unter ihrer ursprünglichen Nummer 310.23 zu neuem Leben erweckt, um bei zahlreichen Festivitäten den altösterreichischen Lokomotivbau zu repräsentieren.
Foto: P. Schmied, Slg. Neudert

In Österreich war die Reihe 310 eine der wichtigsten Schnellzuglokomotiven. Um 1914 ist eine Adriatic mit einem Schnellzug auf der Franz-Josefs-Bahn unterwegs.
Aquarell: Schröpfer

Parallel zur Bausteinaktion entwickelte der bekannte Modellbahnhersteller Roco aus Salzburg ein exklusives Großserienmodell der Traditionslok 310.23. Das hervorragende Modell setzt Gölsdorfs Meisterwerk auch im Maßstab 1 : 87 ein würdiges Denkmal.
Foto: Werkbild Roco

spiel für den großen Stellenwert Österreichs in der Geschichte des Fahrzeugbaus und bildet einen wertvollen Bestandteil der Verkehrssammlung des Technischen Museums.

Deshalb freue ich mich besonders über die Initiative der Firma Roco, durch eine Bausteinaktion die Instandsetzung dieses technischen Meisterwerkes zu ermöglichen und danke allen Spenderinnen und Spendern. Sie haben es durch ihrer wertvollen Beiträge möglich gemacht, dass die 310er für die nächsten Generationen bewahrt wird und noch lange aktiv in Betrieb stehen kann.«

Mit diesem Geleitwort drückte die damalige österreichische Bundesministerin für Unterricht und kulturelle Angelegenheiten, Elisabeth Gehrer, ihre Freude über die Bausteinaktion der weltweit bekannten Modellbahn-Firma Roco in Salzburg aus. Mit dieser Aktion gelang es, die Lokomotive 310.23 als herausragendes Glied des traditionsreichen österreichischen Lokomotivbaues in betriebsfähigem Zustand der Nachwelt zu erhalten. Nicht nur die Vertreter der älteren Generation, von denen noch einige wenige Zeitzeugen dieser faszinierenden Maschine sind, sondern auch die mit Düsen-Jet und Computer aufgewachsenen technikbegeisterten jungen Leute sind dem einmaligen Charme der 310.23 erlegen. Wer das Glück hatte, Karl Gölsdorfs große Schnellzuglokomotive sichtbar, hörbar, fühlbar, riechbar, kurzum mit allen menschlichen Sinnen emotional zu erleben, weiß, wovon die Rede ist. So war es, weit über die manchmal etwas belächelte Eisenbahnschwärmerei hinaus, eine ernsthafte kulturelle Herausforderung, die 310.23 vor lähmendem Stillstand zu bewahren. Wie wir heute wissen, hat die von der Firma Roco initiierte Bausteinaktion zur Rettung der berühmten Maschine weit über die Grenzen Österreichs hinaus in ganz Europa und sogar in Übersee eine breite Resonanz gefunden. Roco hatte mit der Bausteinaktion die Verpflichtung übernommen, die zur Verfügung gestellten Gelder bestmöglich einzusetzen.

Als Ende des Jahres 1996 die Meldung die Runde machte, die Paradelok 310.23 müsse auf Grund eines Kesselschadens und des Ablaufs der Betriebsfrist abgestellt werden, machte sich im Kreise aller Eisenbahnfreunde Bestürzung breit. Es schien aussichtslos, die hohe Summe für die erneute Instandsetzung aus Mitteln des Eisenbahnmuseums oder aus privaten Spenden aufzubringen. Die Salzburger Firma Roco nahm die Situation als Herausforderung an.

Am 26. Oktober 1997 wurde anlässlich der letzten Fahrt der 310.23 die geplante Bausteinaktion vorgestellt. Drei Monate später war bereits durch den Verkauf von insgesamt 8.000 Bausteinen die stolze Summe von 3,2 Millionen Schilling aufgebracht. Im Februar 1998 konnten die Verhandlungen mit dem Technischen Museum Wien als Eigentümer der Lokomotive soweit unter Dach und Fach gebracht werden, dass das tschechische Eisenbahnausbesserungswerk České Velenice einen erster Kostenvoranschlag erstellen konnte. Die österreichische Hauptwerkstätte Knittelfeld hatte zu diesem Zeitpunkt bereits die Dampflok-Reparatur aufgegeben. Das österreichische Bundesdenkmalamt, welches bei der Instandsetzung der 310.23 ein Wort mitzureden hatte, untersagte jegliche Zerstörung der historischen Substanz an der 310.23. Als Kompromiss einigte man sich auf den Ersatz des kompletten Kessels durch einen in neuzeitlicher Fertigungstechnik zu erstellenden Neubau. Der Original-Kessel blieb aber museal erhalten.

Die veranschlagten Kosten beliefen sich auf 3,15 Millionen Schilling und blieben damit nur knapp unter dem durch die Bausteinaktion zur Verfügung gestellten Budget. Nach Prüfung durch Experten wurde im März 1999 schließlich der Auftrag zur Instandsetzung der 310.23 in České Velenice erteilt. Der alte genietete Kessel wurde durch eine moderne Schweißkonstruktion ersetzt. Die kupferne Feuerbüchse entfiel zu Gunsten einer aus Stahl. Optisch gaben die neuen Teile aber genau die historischen Vorbilder wieder. Womit man nicht gerechnet hatte, war ein tiefer Riss in der Kropfachse, der bei der Ultraschallprüfung festgestellt wurde. Der Riss erforderte die Neuanfertigung dieses komplizierten und teuren Bauteils. Nur noch wenige Spezialfirmen sind in der Lage, eine solche mehrfach gekröpfte und hochpräzise Achse nach den Konstruktionsplänen von 1911 aus einem Stück zu schmieden. Ingenieure von Škoda-Steel in Pilsen (Tschechien) nahmen die Herausforderung an und der Erfolg war auf ihrer Seite. Diese notwendige Mehrarbeit erhöhte nicht nur die Kosten, sie verzögerte auch die Wiederinbetriebnahme der Dampflok. Nachdem auch diese Hürde genommen und die zusätzlichen benötigten Gelder dankenswerter Weise von der damaligen Bundesministerin für Unterricht und kulturelle Angelegenheiten, Elisabeth Gehrer, gesichert wurden, konnte im August 1999 die Endmontage der 310.23 beginnen. Am 9. Oktober 1999 war es dann endlich so weit: Die 310.23 war wieder einsatzbereit und konnte auf einer Fahrt über den Semmering einer breiten Öffentlichkeit vorgestellt werden und zur Freude zahlreicher Eisenbahnfreude ihre erste Reise in eine hoffnungsvolle Zukunft antreten.

Zeitgleich zur Wiederaufarbeitung der 310.23 erfüllte die Firma Roco auch einen Wunsch vieler Modelleisenbahnfreunde – die Reihe 310 im Maßstab 1 : 87. Mit einem außergewöhnlich hohen Aufwand von rund neun Millionen Schilling schuf Roco für die Teilnehmer der Bausteinaktion ein exklusives Modell, das in Sachen Maßstabsgenauigkeit, Detaillierung und technischer Ausstattung selbst teure Handarbeitsmodelle übertrifft und in jeder Hinsicht seinem großen Vorbild ebenbürtig ist. Erwähnt sei hier nur die zu öffnende, doppelflügelige Rauchkammertür, das filigrane Fahr- und Triebwerk, die echte Kohle auf dem Tender und die geätzten Messing-Nummernschilder. So haben die Liebhaber der Reihe 310 die Möglichkeit, Gölsdorfs Meisterwerk auch im trauten Heim auf der Modellbahnanlage oder in der Vitrine bewundern zu können.

Auf Nostalgiefahrt in die Wachau verließ die 310.23 1987 den Bahnhof Absdorf-Hippersdorf in Richtung Tulln.
Foto: Turnwald

1911	Anlieferung an die kaiserlich-königlichen österreichischen Staatsbahnen durch die Maschinenfabrik der StEG unter der Fabriknummer 3.791. Die erste Einsatzstelle der 310.23 wird das Heizhaus Wien Nord.
1919	Stationierung im Heizhaus Linz; längere Abstellzeiten
1945–1947	abgestellt in Enns
1947–1949	abgestellt in Ebensee
1950	Hauptausbesserung in der Hauptwerkstätte (HW) Linz Einsatz bei der Zfl Wien West
19.07.1950	Stationierung bei der Zfl Mürzzuschlag
18.05.1951	Stationierung bei der Zfl Villach
13.06.1951	Stationierung bei der Zfl Mürzzuschlag
22.07.1951	Stationierung bei der Zfl Graz
08.02.1952	Stationierung bei der Zfl Villach
17.05.1952	Stationierung bei der Zfl Knittelfeld
03.07.1952	Stationierung bei der Zfl Villach
1953	neue Bezeichnung 16.08
20.10.1956	Ausmusterung und Umbau zur Vorheizanlage 900.744 Abstellung Hütteldorf
1962	Äußerliche Instandsetzung für die 125-Jahr-Feier der Eisenbahn in Österreich, Präsentation in Deutsch Wagram unter Nummer 310.23
1974	Aufstellung im Freigelände des Technischen Museums Wien
1985	Betriebsfähige Aufarbeitung in der HW Knittelfeld für die 150-Jahr-Feier
1986–1997	Einsätze zu Sonderfahrten, Traditionsveranstaltungen und Bahnjubiläen (u.a. in Ungarn, Slowenien, Tschechien, Slowakei)
1997	Außerdienststellung
1999	Wiederaufarbeitung im Ausbesserungswerk České Velenice (Böhmen)
seit 1999	weitere Sondereinsätze

Andreas Knipping/Burkhard Wollny
Züge in den Alpen
Grandiose Landschaften, Brücken mit gewaltigen Spannweiten, gewagte Steilstrecken und Tunnels: Die Schmal- und Normalspurbahnen, Hauptlinien, Nebenbahnen, Zahnrad- und Adhäsionsbahnen.
208 Seiten, 297 Bilder
Bestell-Nr. 71114 **€ 26,–**

Thomas Estler
Das große Loktypenbuch
Loks und Triebzüge von den 20er Jahren bis heute in ihrer im wahrsten Sinne des Wortes bunten Vielfalt. Dazu eine Einführung in die Nummernsysteme der deutschen Staatsbahnen und der DB AG.
336 Seiten, 570 Bilder, dav. 256 in Farbe
Bestell-Nr. 71159 **€ 42,–**

Fahrt frei

für ausgesuchte Eisenbahn-Dokumentationen

Dietmar Klubescheidt
Eisenbahnen der Welt
Die ganze Vielfalt der Eisenbahn wird in diesem Buch von Dietmar Klubescheidt lebendig. Er erzählt anschaulich von der längste Eisenbahnlinie der Welt in Sibirien, beschreibt die höchste Strecke der Erde in den Anden oder berichtet von den schnellsten Zügen unseres Planeten in Japan. Steigen Sie ein und fahren Sie mit um die ganze Welt.
164 Seiten, 170 Bilder, davon 164 in Farbe, 12 Karten
Bestell-Nr. 71066 **€ 16,–**

Johannes Schwarze
Die Dampflokomotive
Lange vergriffen und oft gesucht, steht dieser Klassiker aus dem Jahr 1965 jetzt endlich wieder in den Regalen.
In diesem Reprint steht alles drin über die Technik einer Dampflokomotive. Die Themen reichen von der Entwicklung und dem Aufbau bis zu Wirkungsweise, Bedienung und Instandhaltung der stählernen Rösser. Ein Standardwerk für jeden Eisenbahn-Freund.
964 Seiten, 515 Bilder
Bestell-Nr. 70791 **€ 50,–**

Aus unserer Reihe »Kleine Typenkunde«

...Schweizer Triebfahrzeuge
Ein handlicher Begleiter für die Schienenreise durch den Alpenstaat, mit fast allen Triebfahrzeugen, die dort im Regelbetrieb stehen.
244 Seiten, 204 Bilder **B.-Nr. 71069** **€ 12,90**

...österreichischer Triebfahrzeuge
Diese völlig überarbeitete Neuausgabe stellt alle Triebfahrzeugtypen der ÖBB vor, die 1999 im aktiven Bestand geführt wurden.
144 Seiten, 111 Bilder **B.-Nr. 71141** **€ 12,–**

...deutscher Triebfahrzeuge
Informationen zu Geschichte, Technik, Einsatz und Verbleib der Reisezugwagen und betriebsfähigen Triebfahrzeuge der DB AG.
160 Seiten, 126 Bilder **B.-Nr. 71118** **€ 12,–**

IHR VERLAG FÜR EISENBAHN-BÜCHER

trans press

Postfach 10 37 43 · 70032 Stuttgart
Telefon (07 11) 210 80 65 · Fax (07 11) 210 8070

Stand Januar 2002
Änderungen in Preis und Lieferfähigkeit vorbehalten

14. Anhang

Abkürzungen

BBÖ	Österreichische Bundesbahnen (1923–1938)
BLW	Borsig-Lokomotivwerke
BMB/ČMD	Böhmisch-Mährische Bahnen/Česko-Maravské drahý (Eisenbahnen des Protektorats Böhmen und Mähren 1939–1945)
BMMF	Erste Böhmisch-Mährische Maschinenfabrik, Prag-Lieben
BW	Bahnbetriebswerk
B & D	Breitfeld & Daněk, Schlan (Böhmen) ČSD Československé státny drahý (Tschechoslowakische Staatsbahnen)
DRB	Deutsche Reichsbahn (1937–1945)
DÖStB	Deutschösterreichische Staatsbahnen (1918–1919)
HD	Hochdruck
HW	Hauptwerkstätte
K	kiraly (königlich) für die ungarische Reichshälfte
K.k	kaiserlich-königlich; im Titel der Staatsbehörden, staatlichen Einrichtungen und Stiftungen der österreichischen Reichshälfte
k.u.k.	kaiserlich **und** königlich; im Titel der gemeinsamen Staatsbehörden und staatlichen Einrichtungen für beide Reichshälften (z.B. Außenpolitik, Außenhandel, teilweise Heerwesen) der österreichisch-ungarischen Monarchie
kkStB	kaiserlich-königliche österreichische Staatsbahnen
MAV	Ungarische Staatsbahn
ND	Niederdruck
ÖBB	Österreichische Bundesbahnen (seit 1947)
ÖStB	Österreichische Staatseisenbahnen (1919–1923)
ÖWNB	Österreichische Nordwestbahn
PKP	Polskie Koleje Panstwowe (Polnische Staatsbahn)
RAW	Reichsbahnausbesserungswerk
RBD	Reichsbahndirektion
StEG	Maschinenfabrik der k.k privilegierten österreichisch-ungarischen Staatseisenbahn-Gesellschaft, Wien
SZ	Slovenské Železnice (Slowakische Eisenbahn 1939–1945)
WLF	Wiener Lokomotivfabrik AG, Floridsdorf
Wr. Neustadt	Aktiengesellschaft der Lokomotivfabrik vormals Georg Sigl, Wiener Neustadt
Zfl	Zugförderungsleitung

Literatur

Autoren-Konsortium: Die Bahn im Bild – Die österreichische Reihe 16, Pospischil, Wien

Baier, R.; Sternhardt: Die Lokomotiven der Republik Österreich, Slezak, Wien

Bek, J.; Kvarda K.: Atlas Lokomotiv 1, Nadas, Prag

Bufe, S.; Schröpfer, H.: Eisenbahnen im Sudetenland, Bufe-Verlag, Egglham

Catchpole, P.: Steam Locomotives of Czechoslovakia, Catchpole, Birmingham

Cox, E. S.: World Steam in the Twentieth Century, I. Allan, London

Dr. Giesl-Gieslingen, A.: Die Aera nach Gölsdorf, Slezak, Wien

Gölsdorf, K.: Lokomotivbau in Altösterreich, Slezak, Wien

Griebl, H.: Österreichs Staatsbahnen, EK-Verlag, Freiburg

Griebl, H.: Dampfbetrieb in Österreich 1938–1944, EK-Verlag, Freiburg

Griebl, H.: CSD-Dampflokomotiven, Band 1 und 2, Slezak, Wien

Griebl, H., Schadow, F.: Verzeichnis der deutschen Lokomotive 1923–1965, Slezak, Wien

Griebl, H.; Slezak, J. O.; Sternhardt: BBÖ-Lokomotiv-Chronik 1923–1938, Slezak, Wien

Heinersdorff, R.: Die k.u.k. privilegierten Eisenbahnen 1828–1918, Goldmann

Horn, A.: Berühmte österreichische Lokomotiven – Die Reihen 210 und 310, Eisenbahn-Steckbrief Nr. Bohmann, Wien

Horn, A.: Die Bahnen Österreich-Ungarns Band 1, Die österreichische Nordwestbahn

Horn, A.: Die Bahnen Österreich-Ungarns Band 2, Die Kaiser-Ferdinands-Nordbahn

Horn, A.: Eisenbahn Bilderalbum 5, Bohmann, Wien

Knipping, A.; Schröpfer, H.: Die Lokomotiven der (Groß-) Deutschen Reichsbahn, GeraNova, München

Maedel, K. E.: Dampflokomotiven gestern und heut, Verlag der Technik, Berlin

Mühl, A.: Internationale Luxuszüge, EK-Verlag, Freiburg

Navé, H.: Damplokomotiven in Österreich, Franckh-Verlag, Stuttgart

Reuter, W.: Rekord-Lokomotiven, Motorbuch-Verlag, Stuttgart

Schefold, U.: 150 Jahre Eisenbahn in Österreich, Südwest-Verlag

Schröpfer, H.: Eisenbahn-Fahrzeug-Archiv, Dampflokomotiven der BBÖ/ÖBB, Alba, Düsseldorf

Slezak, J. O.: Deutsche Reichsbahn in Österreich, Slezak, Wien

Slezak, J. O.: Eisenbahn-Panorama Böhmen und Mähren, Slezak, Wien

Sölch, W.: Orient-Expreß, Alba, Düsseldorf

Sölch, W.: Orient-Expreß im Bild, Bufe-Verlag, Egglham

Stockklausner, J.: Österreichs Lokomotiven und Triebwagen 1954, Sonderausgabe »Eisenbahn«, Ployer, Wien

Stockklausner, J.: 150 Jahre Eisenbahn in Österreich, Eisenbahn-Journal, Sonder-Nr. II/1987

Stockklausner, J.: Dampfbetrieb in Altösterreich, Slezak, Wien

Eisenbahn-Kurier Spezial: Bahnland Österreich – Das Jubiläumsjahr der ÖBB – 150 Jahre Eisenbahnen, Freiburg

Eisenbahn-Fahrzeug-Katalog Nr. 13: Die Triebfahrzeuge der Österreichischen Bundesbahnen, GeraNova, München

Lok-Magazin Nr. 7 und 145